JN234592

穴埋め式 微分積分

らくらくワークブック

藤田岳彦・
石村直之 著

講談社サイエンティフィク

序文——手を動かしてみよう

　大学1，2年次で学ぶ数学は，普通「微分積分」，「線形代数」，経済・商学などの社会科学系では，さらに「確率」，「統計」である．特に，「微分積分」と「線形代数」は，全ての数学の基礎となる重要な科目だと言える．

　数学は，大学の授業を聞いたり，教科書を漫然と読んでいるだけでは，なかなか身につかない．日本の場合，大学教育では，諸外国に比べて演習の時間が少ない．そこで，授業だけでなく自習学習が必要になる．問題を解いて，自分が理解しているかどうかを確かめるというやり方が最もよいと思われる．

　ところが，それに気づいたとしても，何からはじめたらよいのかわからないかもしれないし，演習書を選ぶにしても，何を選び，どう手をつけていいのかわからないかもしれない．そこで，「とりあえず」と，はじめやすい問題集があるとよいのではないか．

　エンピツを持って，自分で手を動かし書き込む．演習不足を補おうというものである．

　数学については，いくら理論を自分でわかったつもりになっていても，自分の手を動かすことができなければ，仕方がないし，意味がない．逆に，問題を見て，手を動かし，答えをあわせ，修正をするということを繰り返していけば，必ずわかってくるものであるとも言えるのだ．

　このような発想のもと，このたび，「微分積分」，「線形代数」，「確率・統計」，「統計数理」のワークブックが企画された．

　作り手側としては，まず，「定義と公式」のところで，公式を理解し（場合によっては，授業で使っている教科書や参考書で，その意味や意義，証明の復習を行い），「公式の使い方（例）」となっている例題を理解する．次に本当に理解したかどうかを穴埋め式になっている「やってみましょう」で確かめて，さらに各章の練習問題に取り組む．それができるようになれば，十分にその科目を理解し，使いこなせるようになったと実感ができるはず…という意図をもって，各章をこの構成で組み立てた．もちろん，本の読み方が読者の自由であるように，このワークブックも使い手の自由に使ってもらってかまわない．たとえば，全体をざっと見通すために，「公式の使い方（例）」「やってみましょう」だけを一通りやった後，自分の必要に応じた分だけ，練習問題をやるなど，やり方はいろいろあると思う．

　この「微分積分」のワークブックは，一橋大学の「微分積分Ⅰ，Ⅱ」での題材をもとに，より広い読者の必要を満たすよう工夫しながら構成されている．前半部分で1変数の微分積分，後半部分で多変数（2変数）の微分積分を扱っている．さらに初等的にできる範囲で，ガンマ関数，ベータ関数，微分方程式などの基本事項を取り入れた．現実の問題，社会科学的な問題への数理的な理解にも配慮している．また，「計算が速くなる積分のテクニック」といった，従来の演習書ではあまりなかったような視点から，実用的な「コツ」も紹介した．さらに，数列（差分方程式）も，社会科学で重要な課題なので，高校の復習をかねながらも，より実践的で，

計算しやすい方法を身につけられるよう配慮しつつ，とりあげた．

　このワークブックの内容は初等的な微分積分で勉強する内容をほぼ全てカバーしているので，微分積分全般の学習にはもちろん，大学の授業で理解できなかった内容，難しいと感じている内容を集中的に勉強することにも役立つだろう．

　このワークブックを通じて，微分積分の考え方になじみ，そのおもしろさと有用性を理解してもらえれば幸いである．

　最後になったが，演習問題の解答作りをお手伝いいただいた，藤田ゼミ，石村ゼミの石井孝治，江森一彦，エンヘバヤル・バヤルトグトフ，ダネイル・ニコロフ，神庭雄介，西田佳奈，松岡知子，村手悠帆さんに感謝します．また，講談社サイエンティフィクの瀬戸晶子さんには，企画の段階から並々ならぬお力をいただきました．ここに深く感謝します．

　2003 年夏 国立にて

藤田岳彦

石村直之

目次

序文——手を動かしてみよう　　iii

1　関数と極限値　　1

2　初等関数——3角関数・指数関数・対数関数　　5

3　基本的な微分——その1　　11

4　基本的な微分——その2　　15

5　基本的な微分——その3　　23

6　微分法の応用——その1　　29

7　微分法の応用——その2　　37

8　微分法の応用——その3　　47

9　積分とその応用——その1　　57

10　積分とその応用——その2　　65

11　積分とその応用——その3　　75

12　計算が速くなる積分のテクニック　　83

13　2変数の微分——その1　　89

14　2変数の微分——その2　　99

15　2変数の微分の応用——その1（極値問題）　　107

16 2変数の微分の応用——その2（条件つき極値問題と陰関数） 113

17 重積分——その1 121

18 重積分——その2 125

19 面積，体積，曲線の長さ 131

20 ガンマ関数・ベータ関数 139

21 数列の復習 145

22 数列の求め方 151

23 基本的な常微分方程式 157

索引 167

1 関数と極限値

　微分積分学ではさまざまな関数の種々の性質を議論します．その中でも極限にかかわることは最も大切な概念の1つです．ここでは関数と極限値に関する基本的な事項を，しっかり身につけましょう．

定義と公式

関数 $y=f(x)$ が

　単調増加(単調非減少) $\iff x_1 > x_2$ のとき，$f(x_1) > f(x_2)\,(f(x_1) \geqq f(x_2))$
　単調減少(単調非増大) $\iff x_1 > x_2$ のとき，$f(x_1) < f(x_2)\,(f(x_1) \leqq f(x_2))$

関数 $y=f(x)$ が

　偶関数，あるいは y 軸対称 $\iff f(x) = f(-x)$
　奇関数，あるいは原点対称 $\iff f(x) = -f(-x)$

極限値

　関数 $f(x)$ が $x \longrightarrow a$ のとき極限値 f_0 に収束する(つまり，x が a に限りなく近づくとき，$f(x)$ が f_0 に限りなく近づく)ことを

$$\lim_{x \to a} f(x) = f_0 \text{ あるいは } f(x) \longrightarrow f_0 \,(x \longrightarrow a)$$

などと表します．

極限値の性質

$\lim_{x \to a} f(x) = f_0$, $\lim_{x \to a} g(x) = g_0$ であるとき

$$\lim_{x \to a}(\alpha f(x) + \beta g(x)) = \alpha f_0 + \beta g_0 \quad (\alpha,\,\beta \in \boldsymbol{R})$$

$$\lim_{x \to a} f(x)g(x) = f_0 g_0, \quad \lim_{x \to a} \frac{f(x)}{g(x)} = \frac{f_0}{g_0} \quad (g_0 \neq 0)$$

> $\boldsymbol{R}$ は実数全体を意味します．$a \in \boldsymbol{R}$ は，a が $\boldsymbol{R}$ の要素である，つまり，a は実数であることを示しています．

はさみうちの原理

　点 a の近くで

$$h(x) \leqq f(x) \leqq g(x), \text{ かつ } \lim_{x \to a} h(x) = \lim_{x \to a} g(x) = f_0 \text{ ならば } \lim_{x \to a} f(x) = f_0$$

が成り立ちます．これを，はさみうちの原理といいます．

連続性

$f(a) = \lim_{x \to a} f(x)$ となるとき，関数 $y = f(x)$ は点 $x = a$ で連続であるといいます．

公式の使い方（例）

① 関数 $y = f(x) = x^3$ は単調増加であることを示しましょう．

実際，$x_1 > x_2$ に対して $x_1^3 > x_2^3$ なので $f(x_1) = x_1^3 > x_2^3 = f(x_2)$ となり，関数 $y = x^3$ は単調増加であることがわかります．

② 極限値 $\lim_{x \to \infty} \dfrac{x+3}{x-2}$ を求めましょう．

このままでははっきりしませんが，$\lim_{x \to \infty} \dfrac{1}{x} = 0$ であることを用いると極限値を求めることができます．

$$\lim_{x \to \infty} \frac{x+3}{x-2} = \lim_{x \to \infty} \frac{1 + \dfrac{3}{x}}{1 - \dfrac{2}{x}} = \frac{\lim_{x \to \infty}\left(1 + \dfrac{3}{x}\right)}{\lim_{x \to \infty}\left(1 - \dfrac{2}{x}\right)} = \frac{1+0}{1-0} = 1$$

上の計算では，極限値の性質において $f(x) = 1 + \dfrac{3}{x}$，$g(x) = 1 - \dfrac{2}{x}$ としたとき，$\lim_{x \to \infty} f(x) = 1$，$\lim_{x \to \infty} g(x) = 1 \neq 0$ であること，よって $\lim_{x \to \infty} \dfrac{f(x)}{g(x)} = 1$ であることを用いました．

やってみましょう

① 関数 $y = f(x)$ が奇関数であるとき，関数 $y = g(x) = (f(x))^2$ は偶関数であることを示しましょう．

これは $g(x) = g(-x)$ であることを示せば十分です．実際，$y = f(x)$ は奇関数，すなわち $f(x) = -f(-x)$ であることから

$$g(x) = (f(x))^2 = \underline{\qquad} = (-1)^2 \underline{\qquad} = \underline{\qquad} = g(-x)$$

となります．

② 極限値 $\lim_{x\to 0}\dfrac{x}{\sqrt{1+x}-\sqrt{1-x}}$ を求めましょう．

このままでは

$$\lim_{x\to 0}x=0,\quad \lim_{x\to 0}(\sqrt{1+x}-\sqrt{1-x})=1-1=0$$

すなわち，分子分母ともに 0 に収束するので極限値がはっきりしません．
そこで分母を有理化します．

$$\dfrac{x}{\sqrt{1+x}-\sqrt{1-x}}=\dfrac{x(\sqrt{1+x}+\sqrt{1-x})}{(\sqrt{1+x}-\sqrt{1-x})(\sqrt{1+x}+\sqrt{1-x})}$$

$$=\qquad\qquad=\dfrac{}{2x}$$

$$=\qquad\qquad$$

これで極限値を計算することができます．結果は

$$\lim_{x\to 0}\dfrac{x}{\sqrt{1+x}-\sqrt{1-x}}=\lim_{x\to 0}\qquad =\qquad =$$

となります．

練習問題

① 次の極限値を求めてください．

(1) $\lim_{x\to 1}\dfrac{x-2}{x+3}$ (2) $\lim_{x\to 2}(x^2-3x+4)$ (3) $\lim_{x\to 2}\dfrac{x^2-4}{x-2}$ (4) $\lim_{x\to -1}\dfrac{x^2-2x-3}{x^2-x-2}$

(5) $\lim_{x\to 0}\dfrac{3x}{\sqrt{2-x}-\sqrt{2+x}}$ (6) $\lim_{x\to 0}\dfrac{\sqrt{4+x}-2}{x}$ (7) $\lim_{x\to\infty}\dfrac{3x+5}{x^2+7x+5}$

(8) $\lim_{x\to\infty}\dfrac{3x^3+5}{7x^3-9x+1}$ (9) $\lim_{x\to\infty}\dfrac{3x^3+5}{2x^2+x-1}$ (10) $\lim_{x\to\infty}\dfrac{3x-1}{2x^2-1}$

ここで $[x]$ はガウス記号で，x を超えない最大の整数を意味します．

(11) $\lim_{x\to 0}\dfrac{3x-1}{2x^2-x}$ (12) $\lim_{x\to\infty}\sqrt{x+1}-\sqrt{x-1}$ (13) $\lim_{x\to\infty}\sqrt{x^2+x}-x$

(14) $\lim_{x\to 3, x>3}[x]$ (15) $\lim_{x\to 3, x<3}[x]$

② 関数 $y=f(x)$ が $x=m$ に対して対称であるときにみたすべき関係式を求めてください．

③ $g(x)=f(x)+f(-x)$ は偶関数，$h(x)=f(x)-f(-x)$ は奇関数であることを示し，あらゆ

る関数は，偶関数と奇関数の和で表されることを示してください．

答え

やってみましょうの答え

① $g(x)=(f(x))^2=\boxed{(-f(-x))^2}=(-1)^2\boxed{(f(-x))^2}=\boxed{(f(-x))^2}=g(-x)$

② $\dfrac{x}{\sqrt{1+x}-\sqrt{1-x}}=\boxed{\dfrac{x(\sqrt{1+x}+\sqrt{1-x})}{1+x-(1-x)}}=\boxed{\dfrac{x(\sqrt{1+x}+\sqrt{1-x})}{2x}}=\boxed{\dfrac{\sqrt{1+x}+\sqrt{1-x}}{2}}$

$\displaystyle\lim_{x\to 0}\dfrac{x}{\sqrt{1+x}-\sqrt{1-x}}=\lim_{x\to 0}\boxed{\dfrac{\sqrt{1+x}+\sqrt{1-x}}{2}}=\boxed{\dfrac{1+1}{2}}=\boxed{1}$

練習問題の答え

① (1) $-\dfrac{1}{4}$　(2) 2　(3) 4　(4) $\dfrac{4}{3}$（分母，分子を因数分解）　(5) $-3\sqrt{2}$　(6) $\dfrac{1}{4}$　(7) 0

(8) $\dfrac{3}{7}$　(9) ∞　(10) 0　(11) 0　(12) 0 $\left(\text{与式}=\displaystyle\lim_{x\to\infty}\dfrac{(\sqrt{x+1})^2-(\sqrt{x-1})^2}{\sqrt{x+1}+\sqrt{x-1}}\right)$

(13) $\dfrac{1}{2}$ $\left(\text{与式}=\displaystyle\lim_{x\to\infty}\dfrac{(\sqrt{x^2+x})^2-x^2}{\sqrt{x^2+x}+x}\right)$　(14) 3　(15) 2（十分小さな $\delta>0$ に対して，$x=3+\delta$ のとき，$[x]=3$, $x=3-\delta$ のとき，$[x]=2$）

② すべての $t\in\boldsymbol{R}$ に対して $f(m+t)=f(m-t)$ となる．$t=x-m$ と交換すれば，$f(x)=f(2m-x)$．これが求める関係式である．

③ $g(-x)=f(-x)+f(x)=g(x)$ より $g(x)$ は偶関数，$h(-x)=f(-x)-f(x)=-h(x)$ より $h(x)$ は奇関数．また $f(x)=\dfrac{1}{2}(g(x)+h(x))$ である．

2　初等関数—3角関数・指数関数・対数関数

　初等関数と総称されるいくつかの具体的な関数たちは，理論の上でも応用の上でも極めて重要です．ここでは，そのうちでも基本的な，3角関数，指数関数，対数関数について十分に練習します．

定義と公式

ラジアン（弧度法）

　角度の単位として，半径1の単位円において，中心角 θ をかこむ扇形の円周部分の長さを用いたものをラジアン（弧度法）といいます．たとえば，$90°=\frac{\pi}{2}$，$180°=\pi$，$360°=2\pi$ です．微分積分では3角関数の角度はラジアンで表します．

3角関数の諸公式

$$\sin(-x)=-\sin x, \quad \cos(-x)=\cos x$$

$$\sin(x\pm 2\pi)=\sin x, \quad \cos(x\pm 2\pi)=\cos x$$

$$\sin\left(x\pm\frac{\pi}{2}\right)=\pm\cos x, \quad \cos\left(x\pm\frac{\pi}{2}\right)=\mp\sin x \quad (複号同順)$$

$$\sin^2 x+\cos^2 x=1, \quad 1+\tan^2 x=\frac{1}{\cos^2 x}$$

$$\sin(x\pm y)=\sin x\cos y\pm\cos x\sin y \quad (複号同順)$$
$$\cos(x\pm y)=\cos x\cos y\mp\sin x\sin y \quad (複号同順)$$
（加法定理）

> たくさん式があるようにみえますが、だいたいこの3つ（4つ）から導くことができます．

$$\sin 2x=2\sin x\cos x$$
$$\cos 2x=\cos^2 x-\sin^2 x=2\cos^2 x-1=1-2\sin^2 x$$
（倍角の公式）

$$\sin^2\frac{x}{2}=\frac{1-\cos x}{2}, \quad \cos^2\frac{x}{2}=\frac{1+\cos x}{2} \quad （半角の公式）$$

$$\sin x \cos y = \frac{1}{2}(\sin(x+y) + \sin(x-y))$$

$$\sin x \sin y = -\frac{1}{2}(\cos(x+y) - \cos(x-y)) \qquad \text{(積和の公式)}$$

$$\cos x \cos y = \frac{1}{2}(\cos(x+y) + \cos(x-y))$$

$$\sin x \pm \sin y = 2\sin\frac{x \pm y}{2}\cos\frac{x \mp y}{2} \quad \text{(複号同順)}$$

$$\cos x + \cos y = 2\cos\frac{x+y}{2}\cos\frac{x-y}{2} \quad \text{(和積の公式)}$$

$$\cos x - \cos y = -2\sin\frac{x+y}{2}\sin\frac{x-y}{2}$$

$$\lim_{x \to 0}\frac{\sin x}{x} = 1$$

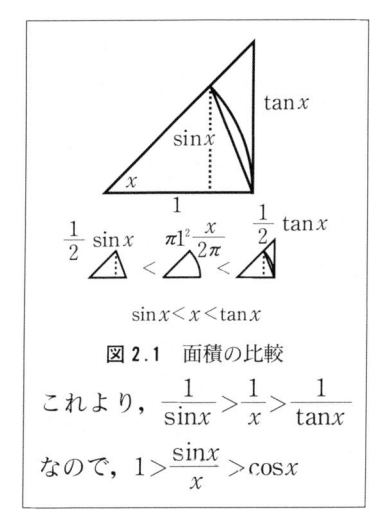

図 2.1 面積の比較

$\sin x < x < \tan x$

これより，$\dfrac{1}{\sin x} > \dfrac{1}{x} > \dfrac{1}{\tan x}$ なので，$1 > \dfrac{\sin x}{x} > \cos x$

逆3角関数

$y = \sin x \left(-\dfrac{\pi}{2} \leqq x \leqq \dfrac{\pi}{2}\right)$ の逆関数を $\sin^{-1} x$ と書きます．つまり，$\sin y = x,\ -\dfrac{\pi}{2} \leqq y \leqq \dfrac{\pi}{2}$ を満たす y を $y = \sin^{-1} x$ と定義します．$\dfrac{1}{\sin x}$ ではないことに注意してください．また，$\arcsin x$, $\mathrm{Arcsin}\, x$, $\mathrm{Sin}^{-1} x$ と書くこともあります．

同様に $\cos y = x,\ (0 \leqq y \leqq \pi)$ を満たす y を，$y = \cos^{-1} x$ と定義し，$\tan y = x,\ \left(-\dfrac{\pi}{2} \leqq y \leqq \dfrac{\pi}{2}\right)$ を満たす y を，$y = \tan^{-1} x$ と定義します．

指数法則

$a,\ b > 0,\ \alpha,\ \beta \in \boldsymbol{R}$ としたとき

$$a^\alpha a^\beta = a^{\alpha+\beta},\ (a^\alpha)^\beta = a^{\alpha\beta},\ (ab)^\alpha = a^\alpha b^\alpha$$

自然対数の底 e

$$\mathrm{e} = \lim_{x \to \infty}\left(1 + \frac{1}{x}\right)^x = \lim_{h \to 0}(1+h)^{\frac{1}{h}} = 2.71828\cdots$$

$$\lim_{h \to 0}\frac{\mathrm{e}^h - 1}{h} = 1$$

対数法則

$a, b > 0 \, (a, b \neq 1)$, $\alpha, \beta > 0$ としたとき

$$\log_a \alpha\beta = \log_a \alpha + \log_a \beta, \qquad \log_a \alpha^\beta = \beta \log_a \alpha$$

$$\log_a \alpha = \frac{\log_b \alpha}{\log_b a}, \qquad a^\alpha = b^{\alpha \log_b a}$$

微分積分では，対数の底として通常 e を用います．このときを自然対数と呼び，底を書くのを省略したり ln などと表します．

$$\lim_{h \to 0} \frac{1}{h} \log(1+h) = 1$$
$$x = e^{\log x} = \log e^x \, (x > 0)$$

公式の使い方（例）

① 極限値 $\displaystyle\lim_{x \to 0} \frac{\sin 2x}{x}$ を求めましょう．

$x \to 0$ のとき $2x \to 0$ なので，$2x$ を 1 つのまとまりと考えて公式を適用します．すなわち

$$\lim_{x \to 0} \frac{\sin 2x}{x} = \lim_{x \to 0} 2 \frac{\sin 2x}{2x} = 2 \lim_{2x \to 0} \frac{\sin(2x)}{(2x)} = 2$$

② 極限値 $\displaystyle\lim_{n \to \infty} \left(1 + \frac{3}{n}\right)^n$ を求めましょう．

$n \to \infty$ のとき $\frac{n}{3} \to \infty$ なので，①と同様に $\frac{n}{3}$ を 1 つのまとまりと考えます．

$$\lim_{n \to \infty} \left(1 + \frac{3}{n}\right)^n = \lim_{n \to \infty} \left(1 + \frac{1}{\frac{n}{3}}\right)^{\frac{n}{3} \cdot 3} = \left(\lim_{\frac{n}{3} \to \infty} \left(1 + \frac{1}{\frac{n}{3}}\right)^{\frac{n}{3}}\right)^3 = e^3$$

③ 極限値 $\displaystyle\lim_{x \to 0} \frac{\log(1+x)}{\sin x}$ を求めましょう．

このままではよくわかりませんが

$$\frac{\log(1+x)}{\sin x} = \frac{x}{\sin x} \cdot \frac{\log(1+x)}{x}$$

と分解すれば見通しが良くなります．公式より

$$\lim_{x\to 0}\frac{x}{\sin x}=\frac{1}{\lim_{x\to 0}\frac{\sin x}{x}}=1$$

なので

$$\lim_{x\to 0}\frac{\log(1+x)}{\sin x}=\lim_{x\to 0}\frac{x}{\sin x}\cdot\lim_{x\to 0}\frac{\log(1+x)}{x}=1$$

やってみましょう

① 3倍角の公式を示しましょう．すなわち

$$\sin 3x=3\sin x-4\sin^3 x,\quad \cos 3x=-3\cos x+4\cos^3 x$$

を示しましょう．

　これは順々に計算していきます．

$$\sin 3x=\sin(2x+x)=\sin\quad\cos x\quad\cos\quad\sin x$$

$$=\qquad+\qquad\sin x$$

$$=2\sin x\qquad+\sin x-2\sin^3 x=3\qquad-4$$

$$\cos 3x=\cos(\qquad)=\cos\quad\cos\quad\sin\quad\sin$$

$$=(\qquad)\cos x-$$

$$=2\cos^3 x-\cos x-2(\qquad)\cos x$$

$$=-3\qquad+4$$

となります．

② 極限値 $\lim_{x\to\infty}x\sin\dfrac{3}{x}$ を求めましょう．

　一見すると手がかりがないようですが，$x\longrightarrow\infty$ のとき $\dfrac{1}{x}\longrightarrow 0$ であることに注意すれば公

式を用いることができます．すなわち

$$x\sin\frac{3}{x}=3\cdot\frac{\sin\frac{3}{x}}{\frac{3}{x}}$$

と変形します．$h=\frac{3}{x}$ とおくと，$x\longrightarrow\infty$ のとき $h\longrightarrow 0$ であり

$$\lim_{x\to\infty}x\sin\frac{3}{x}=3\lim_{h\to 0}\boxed{}=\boxed{}$$

となります．

③ 極限値 $\displaystyle\lim_{x\to 0}\frac{2^x-1}{x}$ を求めましょう．

まず次の等式に注意します．

$$2^x=e^{x\log 2}.$$

$x\longrightarrow 0$ のとき $x\log 2\longrightarrow 0$ なので公式を用いることができます．すなわち

$$\lim_{x\to 0}\frac{2^x-1}{x}=\log 2\lim_{x\log 2\to 0}\frac{\boxed{}-1}{\boxed{}}=\boxed{}$$

となります．

練習問題

① 次を求めてください．

(1) $\sin\frac{\pi}{4}$　(2) $\sin\frac{\pi}{8}$　(3) $\sin^{-1}\left(\frac{1}{\sqrt{2}}\right)$　(4) $\cos^{-1}\left(\frac{1}{2}\right)$　(5) $\tan^{-1}(-1)$

(6) $\cos^{-1}\left(-\frac{\sqrt{3}}{2}\right)$　(7) $\cos^{-1}x+\cos^{-1}(-x)$　(8) $\cos(\sin^{-1}x)$　(9) $2^{\log_2 3}$

(10) $\displaystyle\lim_{x\to 0}\frac{\tan 2x}{x}$　(11) $\displaystyle\lim_{x\to 0}\frac{\sin^{-1}x}{x}$　(12) $\displaystyle\lim_{x\to\infty}\tan^{-1}x$　(13) $\displaystyle\lim_{x\to-\infty}\tan^{-1}x$　(14) $\displaystyle\lim_{x\to 0}\frac{\log(1+x)}{e^{2x}-1}$

(15) $\displaystyle\lim_{x\to\infty}\frac{\sin x}{x}$　(16) $\displaystyle\lim_{x\to 0}\frac{1-\cos 2x}{x^2}$　(17) $\displaystyle\lim_{x\to 0}\frac{\sin x}{\sqrt{x}}$　(18) $\displaystyle\lim_{x\to 0}x\sin^{-1}x$　(19) $\displaystyle\lim_{x\to 0}(1+\sin x)^{\frac{1}{x}}$

(20) $\displaystyle\lim_{x\to\infty}(\log\sqrt{1+x^2}-\log x)$

② $\cosh t = \dfrac{e^t + e^{-t}}{2}$, $\sinh t = \dfrac{e^t - e^{-t}}{2}$, $\tanh t = \dfrac{\sinh t}{\cosh t}$ と定義し，これらを双曲線関数と呼びます．このとき，以下を求めてください．

(1) $\cosh^2 t - \sinh^2 t$ (2) $\lim\limits_{t \to \infty} \tanh t$ (3) $\sinh u \cosh t + \sinh t \cosh u$

(4) $\cosh t \cosh u + \sinh t \sinh u$ (5) $2\sinh u \cosh u$ (6) $\cosh^2 t + \sinh^2 t$ (7) $1 - \tanh^2 t$

③ 地震の規模を表すマグニチュード M と，地震のエネルギー E（ジュール）の関係式は
$$\log_{10} E = 4.8 + 1.5M$$
で与えられます．1995年1月17日の阪神・淡路大震災のマグニチュードは $M = 7.3$ と推定されています．この地震のエネルギーが，$M = 3.3$ の地震によって解消されるためには，何回の地震が必要でしょうか．

答え

やってみましょうの答え

① $\sin 3x = \sin(2x + x) = \sin\boxed{2x}\cos x \boxed{+} \cos\boxed{2x}\sin x$
$= \boxed{2\sin x \cos^2 x} + \boxed{(1 - 2\sin^2 x)}\sin x$
$= 2\sin x \boxed{(1 - \sin^2 x)} + \sin x - 2\sin^3 x = 3\boxed{\sin x} - 4\boxed{\sin^3 x}$

$\cos 3x = \cos(\boxed{2x + x}) = \cos\boxed{2x}\cos\boxed{x} \boxed{-} \sin\boxed{2x}\sin\boxed{x}$
$= (\boxed{2\cos^2 x - 1})\cos x - \boxed{2\sin^2 x \cos x}$
$= 2\cos^3 x - \cos x - 2(\boxed{1 - \cos^2 x})\cos x = -3\boxed{\cos x} + 4\boxed{\cos^3 x}$

② $\lim\limits_{x \to \infty} x \sin\dfrac{3}{x} = 3\lim\limits_{h \to 0} \boxed{\dfrac{\sin h}{h}} = \boxed{3}$，③ $\lim\limits_{x \to 0} \dfrac{2^x - 1}{x} = \log 2 \lim\limits_{x\log 2 \to 0} \boxed{\dfrac{e^{(x\log 2)} - 1}{(x \log 2)}} = \boxed{\log 2}$

練習問題の答え

① (1) $\dfrac{\sqrt{2}}{2}$ (2) $\sqrt{\dfrac{1}{2}\left(1 - \cos\dfrac{\pi}{4}\right)} = \sqrt{\dfrac{1}{2} - \dfrac{\sqrt{2}}{4}}$ (3) $\dfrac{\pi}{4}$ (4) $\dfrac{\pi}{3}$ (5) $-\dfrac{\pi}{4}$ (6) $\dfrac{5\pi}{6}$

(7) π (8) $\sqrt{1 - \sin^2(\sin^{-1} x)} = \sqrt{1 - x^2}$ (9) 3 (10) 2 (11) 1 (12) $\dfrac{\pi}{2}$ (13) $-\dfrac{\pi}{2}$

(14) $\dfrac{1}{2}$ (15) 0 (16) 2 (17) 0 (18) 0 (19) e (20) 0

② (1) 1 (2) 1 (3) $\sinh(u + t)$ (4) $\cosh(u + t)$ (5) $\sinh 2u$ (6) $\cosh 2t$

(7) $\dfrac{1}{\cosh^2 t}$

③ 10^6 回．1日約3000回が1年間続く回数です．

3 基本的な微分―その1

　微分演算は，科学全体の中でも基本的な手法の1つになっています．機械的にできる部分がほとんどなので，計算演習を積み重ねて手で慣れて覚えましょう．

定義と公式

微分の定義

いくつかの表し方があります．

$$f'(a) = \lim_{x \to a} \frac{f(x) - f(a)}{x - a} = \lim_{h \to 0} \frac{f(a+h) - f(a)}{h}$$

$f'(a)$ は $\dfrac{df}{dx}(a)$ とも書きます．$f'(a)$ を，関数 f の点 a における微分係数といいます．

計算の性質

① $(\alpha f(x) + \beta g(x))' = \alpha f'(x) + \beta g'(x)$ （微分の線形性）
② $(f(x)g(x))' = f'(x)g(x) + f(x)g'(x)$ （積の微分）
③ $\left(\dfrac{f(x)}{g(x)}\right)' = \dfrac{f'(x)g(x) - f(x)g'(x)}{g(x)^2}$ （商の微分）

> たとえば，②が成立するのは，
> $$\frac{f(x+h)g(x+h) - f(x)g(x)}{h}$$
> $$= g(x+h)\frac{f(x+h) - f(x)}{h}$$
> $$+ f(x)\frac{g(x+h) - g(x)}{h}$$ と変形
> して $h \to 0$ とすればわかります．

初等関数の微分

　　$(x^a)' = ax^{a-1}$ （多項式の微分）

　　$(e^x)' = e^x$, $(\log x)' = \dfrac{1}{x}$ （指数関数・対数関数の微分）

　　$(\sin x)' = \cos x$, $(\cos x)' = -\sin x$ （3角関数の微分）

$$\frac{e^{x+h} - e^x}{h} = e^x \frac{e^h - 1}{h}, \quad \frac{\log(x+h) - \log x}{h} = \frac{1}{x}\log\left(1 + \frac{h}{x}\right)^{\frac{x}{h}},$$

$$\frac{\sin(x+h) - \sin x}{h} = \frac{2\sin\left(\dfrac{h}{2}\right)\cos\left(\dfrac{2x+h}{2}\right)}{h}$$ などと変形して $h \to 0$ とすればわかります．

公式の使い方（例）

① $\dfrac{1}{x^2+1}$ を微分しましょう．

商の微分公式において $f(x)=1$，$g(x)=x^2+1$ なので

$$\left(\dfrac{1}{x^2+1}\right)'=\dfrac{-2x}{(x^2+1)^2}$$

ただし x^2+1 の微分は，$(x^2+1)'=(x^2)'+(1)'=2x$ と微分の線形性を用いました．

② $e^x\cos x$ を微分しましょう．積の微分公式を用いて

$$(e^x\cos x)'=(e^x)'\cos x+e^x(\cos x)'=e^x\cos x-e^x\sin x$$

となります．

やってみましょう

① $\dfrac{2x^4+3x+5}{x^2+x+2}$ を微分しましょう．

商の微分公式において $f(x)=2x^4+3x+5$，$g(x)=x^2+x+2$ なので

$$\left(\dfrac{2x^4+3x+5}{x^2+x+2}\right)'$$

$$=\dfrac{(\qquad)'(\qquad)-(\qquad)(\qquad)'}{(\qquad)^2}.$$

ここで微分の線形性から

$$(2x^4+3x+5)'=2(\qquad)'+3(\qquad)'=$$

$$(x^2+x+2)'=(\qquad)'+(\qquad)'=$$

よってまとめると

$$\left(\dfrac{2x^4+3x+5}{x^2+x+2}\right)'=$$

$$=$$

② $e^{-x}\tan x$ を微分しましょう．

積の微分公式を用いると

$$(e^{-x}\tan x)'=(e^{-x})'\tan x+e^{-x}(\tan x)'$$

ここで商の微分公式より

$$(e^{-x})'=\left(\frac{1}{e^x}\right)'=-\frac{(e^x)'}{(e^x)^2}=\boxed{}=\boxed{}$$

$$(\tan x)'=\left(\frac{\sin x}{\cos x}\right)'=\frac{(\quad)'\quad-\quad(\quad)'}{(\quad)^2}$$

$$=\boxed{}=\boxed{}$$

よってまとめると

$$(e^{-x}\tan x)'=\boxed{}$$

$$=\boxed{}$$

$$\tan x=\frac{\sin x}{\cos x}$$
$$=\frac{\cos x \sin x}{\cos^2 x}$$

③ $x\log x+x^2$ を微分しましょう．

まず微分の線形性より

$$(x\log x+x^2)'=(x\log x)'+(x^2)'$$
$$=(x\log x)'+\boxed{}$$

となります．積の微分公式より

$$(x\log x)'=(\quad)'\boxed{}+\boxed{}(\quad)'=\boxed{}$$

となるので，まとめると

$$(x\log x+x^2)'=\boxed{}$$

練習問題

次の関数を微分してください．

(1) x^2+3x-2 (2) $(x-3)(4x+1)$ (3) $\dfrac{6}{x+3}$ (4) $\dfrac{1}{x^2+5x+7}$ (5) $x^2\sin x$

(6) $\dfrac{1}{\sin x}$ (7) $\dfrac{e^x}{x}$ (8) $x^2\log x$ (9) $\dfrac{\cos x}{\sin x}$ (10) $\sinh x$ (11) $\cosh x$ (12) $\tanh x$

(13) $e^x\log x$ (14) $\sin x\cos x$ (15) $\cosh x\sin x$ (16) $x^{\frac{1}{3}}$ (17) $x^{\frac{1}{4}}\log x$

答え

やってみましょうの答え

① $\left(\dfrac{2x^4+3x+5}{x^2+x+2}\right)' = \dfrac{(\boxed{2x^4+3x+5})'(\boxed{x^2+x+2})-(\boxed{2x^4+3x+5})(\boxed{x^2+x+2})'}{(\boxed{x^2+x+2})^2}$

$(2x^4+3x+5)'=2(\boxed{x^4})'+3(\boxed{x})'=\boxed{8x^3+3}$，$(x^2+x+2)'=(\boxed{x^2})'+(\boxed{x})'=\boxed{2x+1}$

$\left(\dfrac{2x^4+3x+5}{x^2+x+2}\right)' = \boxed{\dfrac{(8x^3+3)(x^2+x+2)-(2x^4+3x+5)(2x+1)}{(x^2+x+2)^2}}$

$= \boxed{\dfrac{4x^5+6x^4+16x^3-3x^2-10x+1}{(x^2+x+2)^2}}$

② $(e^{-x})' = \boxed{-\dfrac{1}{e^x}} = \boxed{-e^{-x}}$

$(\tan x)' = \dfrac{(\boxed{\sin x})'\boxed{\cos x}-\boxed{\sin x}(\boxed{\cos x})'}{(\boxed{\cos x})^2} = \boxed{\dfrac{\cos^2 x+\sin^2 x}{\cos^2 x}} = \boxed{\dfrac{1}{\cos^2 x}}$

$(e^{-x}\tan x)' = \boxed{-e^{-x}\tan x + e^{-x}\dfrac{1}{\cos^2 x}} = \boxed{e^{-x}\dfrac{1-\cos x\sin x}{\cos^2 x}}$

③ $(x\log x + x^2)' = (x\log x)' + \boxed{2x}$

$(x\log x)' = (\boxed{x})'\log x + \boxed{x}(\boxed{\log x})' = \boxed{\log x + 1}$，$(x\log x + x^2)' = \boxed{1+2x+\log x}$

練習問題の答え

(1) $2x+3$ (2) $8x-11$ (3) $\dfrac{-6}{(x+3)^2}$ (4) $\dfrac{-2x-5}{(x^2+5x+7)^2}$ (5) $2x\sin x+x^2\cos x$

(6) $-\dfrac{\cos x}{\sin^2 x}$ (7) $\dfrac{e^x(x-1)}{x^2}$ (8) $2x\log x+x$ (9) $\dfrac{-1}{\sin^2 x}$ (10) $\cosh x$ (11) $\sinh x$

(12) $\dfrac{1}{\cosh^2 x}$ (13) $e^x\log x+\dfrac{e^x}{x}$ (14) $\cos^2 x-\sin^2 x=\cos 2x$ (15) $\sinh x\sin x+\cosh x\cos x$

(16) $\dfrac{1}{3}x^{-\frac{2}{3}}$ (17) $\dfrac{1}{4}x^{-\frac{3}{4}}\log x+x^{-\frac{3}{4}}$

4 基本的な微分—その2

合成関数の微分法，逆関数の微分法，媒介変数（パラメータ）による微分法は，微分係数を計算するための便利な道具です．合成関数の微分法では，どの関数とどの関数が合成されているのか，すぐわかるようになるまで練習しましょう．

定義と公式

合成関数の微分法

関数 $z=f(y)$ と関数 $y=g(x)$ の合成関数 $(f \circ g)(x)=f(g(x))$ の微分は

$$(f(g(x)))'=f'(g(x))g'(x)$$

> $f \circ g$ は，関数 f と関数 g の合成関数を意味します．一般には $f \circ g \neq g \circ f$ となることに注意しましょう．すなわち関数の合成では順番を気にする必要があります．

となります．これは微分記号で次のように覚えると便利です．

$$\frac{dz}{dx}=\frac{dz}{dy}\frac{dy}{dx}$$

> $$\frac{f(g(x+h))-f(g(x))}{h}=\frac{f(g(x+h))-f(g(x))}{g(x+h)-g(x)}\frac{g(x+h)-g(x)}{h}$$
> と変形して，$h \longrightarrow 0$ とすればこのようになる理由もわかります．

逆関数の微分法

関数 $x=f(y)$ の逆関数 $y=f^{-1}(x)$ の微分は

$$(f^{-1}(x))'=\frac{1}{f'(f^{-1}(x))}$$

> 逆関数の定義より，$f(f^{-1}(x))=x$ となりますが，この両辺を x で微分して，合成関数の微分法を用いれば，$f'(f^{-1}(x))(f^{-1}(x))'=1$ となるからです．

となります．これは微分記号で次のように覚えると便利です．

$$\frac{dy}{dx}=\frac{1}{\frac{dx}{dy}}$$

媒介変数による微分法

媒介変数（パラメータ）t に対して関数 $x=f(t), y=g(t)$ が与えられているとき，y の x による微分は

$$\frac{dy}{dx}=\frac{g'(t)}{f'(t)}$$

となります．これは微分記号で次のように覚えると便利です．

$$\frac{\mathrm{d}y}{\mathrm{d}x}=\frac{\frac{\mathrm{d}y}{\mathrm{d}t}}{\frac{\mathrm{d}x}{\mathrm{d}t}}$$

公式の使い方（例）

① $\cos(x^2+2)$ を微分しましょう．

これは $z=\cos y$ と $y=x^2+2$ の合成関数です．よって

$$(\cos(x^2+2))'=(\cos y)'|_{y=x^2+2}(x^2+2)'$$
$$=-\sin(x^2+2)(2x)$$
$$=-2x\sin(x^2+2)$$

> $(\cos y)'|_{y=x^2+2}$ は $(\cos y)$ の計算結果の y に x^2+2 を代入したものを示しています．

上の式で $(\cos y)'$ は y による微分を表しています．

② e^{-x^2} を微分しましょう．

これは $z=\mathrm{e}^y$ と $y=-x^2$ の合成関数です．よって

$$(\mathrm{e}^{-x^2})'=(\mathrm{e}^y)'|_{y=-x^2}(-x^2)'$$
$$=\mathrm{e}^{-x^2}(-2x)$$
$$=-2x\mathrm{e}^{-x^2}$$

③ $\sin^{-1}x\ (-1<x<1)$ を微分しましょう．

$$(\sin y)'=\cos y=\sqrt{1-\sin^2 y}$$

> 定義より $-\frac{\pi}{2}\leqq y\leqq\frac{\pi}{2}$ つまり，$\cos y\geqq 0$ に注意してください．

なので（ただし $(\sin y)'$ は y による微分），逆関数の微分公式より

$$(\sin^{-1}x)'=\frac{1}{\sqrt{1-\sin^2(\sin^{-1}x)}}=\frac{1}{\sqrt{1-x^2}}$$

となります．

④ $\tan^{-1}x$ を微分しましょう．

$$(\tan y)'=\frac{1}{\cos^2 y}=1+\tan^2 y$$

> $1=\cos^2 y+\sin^2 y$
> $\frac{\sin^2 y}{\cos^2 y}=\left(\frac{\sin y}{\cos y}\right)^2=\tan^2 y$

なので，逆関数の微分公式より

$$(\tan^{-1}x)' = \frac{1}{1+\tan^2(\tan^{-1}x)} = \frac{1}{1+x^2}$$

となります．

⑤ 媒介変数 t により表された関数 $x = 2t^2+1, y = \cos t$ の，y の x による微分 $\dfrac{\mathrm{d}y}{\mathrm{d}x}$ を求めましょう．

$$(2t^2+1)' = 4t$$
$$(\cos t)' = -\sin t$$

なので(ただし，それぞれの微分は媒介変数 t によるもの)，媒介変数による微分法から

$$\frac{\mathrm{d}y}{\mathrm{d}x} = \frac{\dfrac{\mathrm{d}y}{\mathrm{d}t}}{\dfrac{\mathrm{d}x}{\mathrm{d}t}} = \frac{-\sin t}{4t}$$

となります．

⑥ 正定数 a に関して，関数 $y = a^x$ の x による微分を求めましょう．

これは少し工夫を要します．

$$a = \mathrm{e}^{\log a}$$

であることに注意すると

$$y = a^x = \mathrm{e}^{x \log a}$$

です．よって合成関数の微分法から

$$(a^x)' = (\mathrm{e}^{x \log a})'$$
$$= \mathrm{e}^{x \log a}(x \log a)'$$
$$= \mathrm{e}^{x \log a}\log a = a^x \log a$$

$\boxed{f(x) = \mathrm{e}^x,\ g(x) = x \log a}$

$\boxed{\log a \text{ は定数です}}$

となります．最後のところは再び指数関数と対数関数がそれぞれ逆関数である性質を用いました．

$\boxed{a^x \text{ の } x \text{ による微分は，多項式 } x^a \text{ の } x \text{ による微分とは異なることに再度注意しておきます．}}$

やってみましょう

① $(x^2+5x+3)^7$ を微分しましょう．

$(x^2+5x+3)^7$ は，$z=y^7$ と $y=x^2+5x+3$ の合成関数です．よって

$$((x^2+5x+3)^7)'=(y^7)'|_{y=x^2+5x+3}\bigl(\qquad\qquad\bigr)'$$

$$=\qquad\qquad$$

となります．

② $e^{-x^2}\cos(3x^2+1)$ を微分しましょう．

e^{-x^2} は $z=e^y$ と $y=-x^2$ の合成関数であり，$\cos(3x^2+1)$ は $z=\cos y$ と $y=3x^2+1$ の合成関数です．よって積の微分公式と合成関数の微分公式を用いて

$$(e^{-x^2}\cos(3x^2+1))'=\bigl(\qquad\bigr)'\qquad+\bigl(\qquad\qquad\bigr)'$$

$$=(e^y)'|_{y=-x^2}(-x^2)'\cos(3x^2+1)+e^{-x^2}(\cos y)'|_{y=3x^2+1}(3x^2+1)'$$

$$=\qquad\qquad$$

となります．

③ $\log\left(x^2+\dfrac{1}{x^2}\right)$ を微分しましょう．

$\log\left(x^2+\dfrac{1}{x^2}\right)$ は $z=\log y$ と $y=x^2+\dfrac{1}{x^2}$ の合成関数です．よって

$$\left(\log\left(x^2+\frac{1}{x^2}\right)\right)'=(\log y)'|_{y=x^2+\frac{1}{x^2}}\left(x^2+\frac{1}{x^2}\right)'$$

$$=\qquad\qquad$$

$$=\frac{x^2}{x^4+1}\left(2x-\frac{2}{x^3}\right)$$

$$=\frac{x^2(2x^4-2)}{x^3(x^4+1)}$$

$$=\qquad\qquad$$

④ $\log_2 \tan x$ を微分しましょう．

対数関数の底が 2 なので，底が e である通常の自然対数に変換してから微分します．

$$\log_2 \tan x = \frac{\log \tan x}{\log 2}$$

この右辺の分子 $\log \tan x$ は $z = \log y$ と $y = \tan x$ の合成関数です．よって

$$(\log_2 \tan x)' = \left(\frac{\log \tan x}{\log 2}\right)'$$

$$= \frac{1}{\log 2} (\log y)'|_{y=\tan x} (\tan x)'$$

$$=$$

⑤ $\sin^{-1} \cos x$ を微分しましょう．

$\sin^{-1} \cos x$ は $z = \sin^{-1} y$ と $y = \cos x$ の合成関数であることに注意しましょう．そこで逆関数の微分公式と合成関数の微分公式を用います．

$$(\sin^{-1} \cos x)' = (\sin^{-1} y)'|_{y=\cos x} (\cos x)'$$

$$=$$

$$=$$

$$=$$

となります．根号 $\sqrt{\sin^2 x}$ をはずすときに絶対値がつくことを忘れないでください．

⑥ 媒介変数 t により表された関数

$$x = \frac{2t}{1+t^2}, \quad y = \frac{2t^2}{1+t^2}$$

に対して，y の x による微分 $\dfrac{dy}{dx}$ を求めましょう．

$$\frac{dx}{dt} = \frac{2(1+t^2) - 4t^2}{(1+t^2)^2} = \boxed{} \quad , \quad \frac{dy}{dt} = \frac{4t(1+t^2) - 4t^3}{(1+t^2)^2} = \boxed{}$$

となるので，公式から

$$\frac{dy}{dx} = \frac{\boxed{}}{\boxed{}} = \boxed{}$$

となります．今の場合これは $\boxed{} = \dfrac{y}{x}$ なので

$$\frac{dy}{dx} = \frac{2 \cdot \dfrac{y}{x}}{1 - \left(\dfrac{y}{x}\right)^2} = \frac{2xy}{x^2 - y^2}$$

を答えにしても正解です．

練 習 問 題

① 次の関数を微分してください．

(1) $\dfrac{1}{(2x^2+1)^2}$ (2) $(x^2+1)^3$ (3) $\sqrt{x^2-x+3}$ (4) $\dfrac{1}{\sqrt[3]{x^4+1}}$ (5) $\dfrac{1}{x}e^{-x^2}$

(6) $\log(x+\sqrt{x^2+1})$ (7) $x^2\cos^{-1}x$ (8) $\tan^{-1}\sqrt{x}$

(9) $xe^{\tan x}$

(10) $\log\dfrac{2x}{1+x^2}$ (11) $(e^{\frac{1}{x}})^2$ (12) $\log\sinh x$

(13) $\log(x^2+\log x)$ (14) $\log\cos e^{2x}$ (15) $\sin\sqrt{\log x}\ (x>1)$

(16) $2\sin^3(2x^4)$ (17) $\sin^{-1}x^2$ (18) $\tan^{-1}\dfrac{3}{x}$

(19) $\cos(2\tan^{-1}(3x))$ (20) $\sin(\cos^{-1}x)$ (21) $x(\tan^{-1}(2x))^2$

(22) $xe^{\frac{1}{x^2}}$ (23) $(\sin x^2)^{\frac{1}{4}}$ (24) $\log(\log x)$

(25) $\tan^{-1}\dfrac{1-x^2}{1+x^2}$ (26) x^x ($x^x = e^{x\log x}$ として微分しましょう．)

(27) $(x+1)^4(x^2+1)^3(x^2-1)^{\frac{3}{4}}$ ($=e^{4\log(x+1)+3\log(x^2+1)+\frac{3}{4}\log(x^2-1)}$ としましょう．)

② $f(x) = \sinh(x)$ の逆関数 $f^{-1}(x)$ とその微分 $\dfrac{d}{dx}f^{-1}(x)$ を求めましょう．

答え

やってみましょうの答え

① $((x^2+5x+3)^7)' = (y^7)'|_{y=x^2+5x+3} \boxed{x^2+5x+3}' = \boxed{7(2x+5)(x^2+5x+3)^6}$

② $(e^{-x^2}\cos(3x^2+1))' = \boxed{e^{-x^2}}'\cos(3x^2+1) + \boxed{e^{-x^2}}\boxed{\cos(3x^2+1)}'$
$= \boxed{-2xe^{-x^2}\cos(3x^2+1) - 6xe^{-x^2}\sin(3x^2+1)}$

③ $\left(\log\left(x^2+\dfrac{1}{x^2}\right)\right)' = \boxed{\dfrac{1}{x^2+\dfrac{1}{x^2}}\left(2x-\dfrac{2}{x^3}\right)} = \boxed{\dfrac{2(x^4-1)}{x(x^4+1)}}$

④ $(\log_2 \tan x)' = \boxed{\dfrac{1}{\log 2}\dfrac{1}{\tan x}\dfrac{1}{\cos^2 x}}$

⑤ $(\sin^{-1}\cos x)' = \boxed{\dfrac{1}{\sqrt{1-\cos^2 x}}(-\sin x)} = \boxed{\dfrac{-\sin x}{\sqrt{\sin^2 x}}} = -\boxed{\dfrac{\sin x}{|\sin x|}}$

⑥ $\dfrac{dx}{dt} = \boxed{\dfrac{2(1-t^2)}{(1+t^2)^2}}$

$\dfrac{dy}{dt} = \boxed{\dfrac{4t}{(1+t^2)^2}}$

$\dfrac{dy}{dx} = \dfrac{\boxed{\dfrac{4t}{(1+t^2)^2}}}{\boxed{\dfrac{2(1-t^2)}{(1+t^2)^2}}} = \boxed{\dfrac{2t}{1-t^2}}$

$\boxed{t} = \dfrac{y}{x}$

練習問題の答え

① (1) $\dfrac{-8x}{(2x^2+1)^3}$ (2) $6x(x^2+1)^2$ (3) $\dfrac{2x-1}{2\sqrt{x^2-x+3}}$

(4) $-\dfrac{4x^3}{3}(x^4+1)^{-\frac{4}{3}}$ (5) $-\left(\dfrac{1}{x^2}+2\right)e^{-x^2}$ (6) $\dfrac{1}{\sqrt{x^2+1}}$

(7) $2x\cos^{-1}x - \dfrac{x^2}{\sqrt{1-x^2}}$ (8) $\dfrac{1}{2\sqrt{x}(1+x)}$

(9) $\left(1+\dfrac{x}{\cos^2 x}\right)e^{\tan x}$ (10) $\dfrac{1-x^2}{x(1+x^2)}$

(11) $(e^{\frac{2}{x}})' = -\dfrac{2}{x^2}e^{\frac{2}{x}}$ (12) $\dfrac{\cosh x}{\sinh x}$ (13) $\dfrac{2x^2+1}{x(x^2+\log x)}$

(14) $-2e^{2x}\tan e^{2x}$ (15) $\dfrac{\cos\sqrt{\log x}}{2x\sqrt{\log x}}$

(16) $48x^3\sin^2(2x^4)\cos(2x^4)$ (17) $\dfrac{2x}{\sqrt{1-x^4}}$ (18) $\dfrac{-3}{x^2+9}$

(19) $\dfrac{-6}{1+9x^2}\sin(2\tan^{-1}(3x))$ (20) $-\dfrac{x}{\sqrt{1-x^2}}$ $(\sin(\cos^{-1}x))'=\cos(\cos^{-1}x)(\cos^{-1}x)'$

(21) $(\tan^{-1}(2x))^2+\dfrac{4x}{1+4x^2}\tan^{-1}(2x)$ (22) $\left(1-\dfrac{2}{x^2}\right)e^{\frac{1}{x^2}}$

(23) $\dfrac{x}{2}(\sin x^2)^{-\frac{3}{4}}\cos x^2$ (24) $\dfrac{1}{x\log x}$ (25) $\dfrac{-2x}{1+x^4}$

(26) $(1+\log x)x^x$

(27) $\dfrac{1}{2}(x+1)^3(x^2+1)^2(x^2-1)^{-\frac{1}{4}}(23x^4+15x^3-9x^2-9x-8)$

② $f^{-1}(x)=\log(x+\sqrt{x^2+1})$. ($y=\sinh x$ としたとき, $y=\dfrac{e^x-e^{-x}}{2}$, すなわち $(e^x)^2-2ye^x-1=0$, これより,
$e^x=y+\sqrt{y^2+1}\,(>0)$, $x=f^{-1}(y)=\log(y+\sqrt{y^2+1})$)
$\dfrac{d}{dx}f^{-1}(x)=\dfrac{1}{\sqrt{x^2+1}}$

5　基本的な微分—その3

　関数 $f(x)$ の点 x における微分係数 $f'(x)$ を，x の関数ととらえて導関数を定義しました．この導関数を次々に微分すれば高階の導関数を得ることができます．後の応用で出てくるテイラー展開や極値問題に必要な道具なので，ここでしっかりと身につけましょう．

定 義 と 公 式

n 階微分（高階導関数）

$$(x^a)^{(n)} = \begin{cases} a(a-1)\cdots(a-n+1)x^{a-n} & (a \neq 0,\ 1,\ \cdots,\ n-1) \\ 0 & (a = 0,\ 1,\ \cdots,\ n-1) \end{cases}$$

$$(e^x)^{(n)} = e^x, \qquad (\log x)^{(n)} = \frac{(-1)^{n-1}(n-1)!}{x^n}$$

$$(\sin x)^{(n)} = \sin\left(x + \frac{n\pi}{2}\right),\ (\cos x)^{(n)} = \cos\left(x + \frac{n\pi}{2}\right)$$

ライプニッツの公式

$$(f(x)g(x))^{(n)} = f^{(n)}(x)g(x) + nf^{(n-1)}(x)g'(x) + \cdots + \binom{n}{i}f^{(n-i)}(x)g^{(i)}(x) + \cdots$$
$$+ nf'(x)g^{(n-1)}(x) + f(x)g^{(n)}(x)$$

公 式 の 使 い 方（例）

① $x^3 + 2x^2 - 1$ の2階までの導関数を求めましょう．まず

$$(x^3 + 2x^2 - 1)' = 3x^2 + 4x$$

もう1度微分すると

$$(x^3 + 2x^2 - 1)'' = (3x^2 + 4x)' = 6x + 4$$

② $\sin 2x$ の3階までの導関数を求めましょう．まず

$$(\sin 2x)' = 2\cos 2x$$

$2x$ を微分した 2 が前に出てくることに注意してください．次々に微分すると

$$(\sin 2x)'' = (2\cos 2x)' = -4\sin 2x$$
$$(\sin 2x)''' = (-4\sin 2x)' = -8\cos 2x$$

③ $\log(1-x)$ の 2 階までの導関数を求めましょう．まず

$$(\log(1-x))' = \frac{-1}{1-x}$$

もう 1 度微分すると

$$(\log(1-x))'' = \left(\frac{-1}{1-x}\right)' = \frac{-1}{(1-x)^2}$$

④ ライプニッツの公式を用いて，高階導関数 $(x^3 e^x)^{(3)}$ を計算しましょう．
公式を適用すると

$$(x^3 e^x)^{(3)} = (x^3)^{(3)} e^x + 3(x^3)''(e^x)' + 3(x^3)'(e^x)'' + x^3(e^x)^{(3)}$$
$$= 6e^x + 18xe^x + 9x^2 e^x + x^3 e^x$$
$$= (x^3 + 9x^2 + 18x + 6)e^x$$

ただし $(x^3)' = 3x^2$, $(e^x)' = e^x$ などを用いました．

⑤ ライプニッツの公式を用いて，高階導関数 $(e^x \sin x)^{(4)}$ を計算しましょう．
公式を適用すると

$$(e^x \sin x)^{(4)} = (e^x)^{(4)} \sin x + 4(e^x)^{(3)}(\sin x)' + 6(e^x)''(\sin x)''$$
$$+ 4(e^x)'(\sin x)^{(3)} + e^x(\sin x)^{(4)}$$
$$= e^x \sin x + 4e^x \cos x - 6e^x \sin x - 4e^x \cos x + e^x \sin x$$
$$= -4e^x \sin x$$

ただし $(\sin x)^{(2n)} = (-1)^n \sin x$, $(\sin x)^{(2n-1)} = (-1)^{n-1} \cos x$ を用いました．

やってみましょう

① $e^{-x^2/2}$ の 2 階までの導関数を求めましょう．
まず，微分します．合成関数の微分法より

$$(e^{-x^2/2})' = \boxed{}$$

もう1度微分すると

$$(e^{-x^2/2})'' = \left(\boxed{}\right)' = \boxed{}$$

となります．

② $\dfrac{1}{x^2+5x+6}$ の3階までの導関数を求めましょう．

このまま計算しては面倒なので少し工夫します．

$$\dfrac{1}{x^2+5x+6} = \dfrac{1}{x+2} - \dfrac{1}{x+3}$$

と分割します．これならば計算は楽になります．まず

$$\left(\dfrac{1}{x^2+5x+6}\right)' = \left(\boxed{}\right)' - \left(\boxed{}\right)' = -\boxed{} + \boxed{}$$

$$= \boxed{}$$

次々に微分すると

$$\left(\dfrac{1}{x^2+5x+6}\right)'' = \left(-\boxed{} + \boxed{}\right)'$$

$$= \boxed{} = \boxed{}$$

$$\left(\dfrac{1}{x^2+5x+6}\right)^{(3)} = \left(\boxed{} - \boxed{}\right)'$$

$$= \boxed{} = \boxed{}$$

となります．通分していないものを答えとしても大丈夫です．

③ $\sin^2 x$ の n 階導関数を求めましょう．

何回か計算してみて規則性を見つけるのが良い方針です．次々に微分していくと

$$(\sin^2 x)' = 2\sin x \cos x = \sin 2x$$

$$(\sin^2 x)'' = (\sin 2x)' = $$

$$(\sin^2 x)''' = (\quad\quad)' = $$

よって次のように予想できます．

$$(\sin^2 x)^{(n)} = 2^{n-1} \sin\left(2x + \frac{(n-1)\pi}{2}\right)$$

これは帰納法で確かめることができます．実際，上の式を正しいとしてもう1度微分すると

$$(\sin^2 x)^{(n+1)} = \left(2^{n-1} \sin\left(2x + \frac{(n-1)\pi}{2}\right)\right)' = $$

$$= $$

となり $n+1$ 階導関数のときも正しいからです．

④ ライプニッツの公式を用いて，$x^2 e^x$ の n 階導関数を求めましょう．

公式をそのまま適用すると

$$(x^2 e^x)^{(n)} = (x^2)^{(n)} e^x + n(x^2)^{(n-1)}(e^x)' + \cdots$$
$$+ \binom{n}{i}(x^2)^{(n-i)}(e^x)^{(i)} + \cdots + n(x^2)'(e^x)^{(n-1)} + x^2 (e^x)^{(n)}$$

となります．ただしここで

$$(x^2)' = 2x, \quad (x^2)'' = 2, \quad (x^2)^{(i)} = 0 \; (i \geq 3),$$

および $(e^x)^{(n)} = e^x$ であることに注意すると，結局

$$(x^2 e^x)^{(n)} = \frac{n(n-1)}{2}(x^2)'' e^x + n(x^2)' e^x + x^2 e^x$$
$$= \left(x^2 + 2nx + n(n-1)\right) e^x$$

となります．

練習問題

① 次の関数の2階までの導関数を求めよ．

(1) x^4-x+2 (2) e^{2x-1} (3) $\cos^2 x$ (4) $e^{-x^2}\sin x$

(5) $x^2\log x$ (6) $\sin^{-1}x$

(7) $\tan^{-1}x$ (8) $\sqrt{x^2+1}$ (9) $\sqrt[3]{x-1}$

② 次の関数の n 階導関数を求めてください．

(1) $2x^3-5x$ (2) $\dfrac{1}{(3+x)}$ (3) e^{ax} (a は定数)

(4) $x^3 e^{ax}$ (a は定数) (5) $x^3\log x$ (6) $\dfrac{x+1}{x-1}$ $\left(=1+\dfrac{2}{x-1}\text{ とせよ}\right)$

(7) $\sqrt{5x+1}$ (8) $\dfrac{1}{x(x+1)}$

答え

やってみましょうの答え

① $(e^{-x^2/2})' = \boxed{-xe^{-x^2/2}}$

$(e^{-x^2/2})'' = (\boxed{-xe^{-x^2/2}})' = \boxed{(-x)'e^{-x^2/2}+(-x)(e^{-x^2/2})'} = \boxed{(x^2-1)e^{-\frac{x^2}{2}}}$

② $\left(\dfrac{1}{x^2+5x+6}\right)' = \left(\boxed{\dfrac{1}{x+2}}\right)' - \left(\boxed{\dfrac{1}{x+3}}\right)' = -\boxed{\dfrac{1}{(x+2)^2}} + \boxed{\dfrac{1}{(x+3)^2}} = \boxed{\dfrac{-2x-5}{(x+2)^2(x+3)^2}}$

$\left(\dfrac{1}{x^2+5x+6}\right)'' = \left(-\boxed{\dfrac{1}{(x+2)^2}} + \boxed{\dfrac{1}{(x+3)^2}}\right)' = \boxed{\dfrac{2}{(x+2)^3} - \dfrac{2}{(x+3)^3}} = \boxed{\dfrac{2(3x^2+15x+19)}{(x+2)^3(x+3)^3}}$

$\left(\dfrac{1}{x^2+5x+6}\right)^{(3)} = \left(\boxed{\dfrac{2}{(x+2)^3}} - \boxed{\dfrac{2}{(x+3)^3}}\right)' = \boxed{\dfrac{-6}{(x+2)^4} + \dfrac{6}{(x+3)^4}} = \boxed{\dfrac{-6(4x^3+30x^2+76x+65)}{(x+2)^4(x+3)^4}}$

③ $(\sin^2 x)'' = \boxed{2\cos 2x}$

$(\sin^2 x)''' = (\boxed{2\cos 2x})' = \boxed{-4\sin 2x}$

$(\sin^2 x)^{(n+1)} = \boxed{2^n\cos\left(2x+\dfrac{(n-1)\pi}{2}\right)} = \boxed{2^n\sin\left(2x+\dfrac{n\pi}{2}\right)}$

練習問題の答え

① 1階導関数，2階導関数の順です．

(1) $4x^3-1$, $12x^2$ (2) $2e^{2x-1}$, $4e^{2x-1}$ (3) $-\sin 2x$, $-2\cos 2x$

(4) $(-2x\sin x+\cos x)e^{-x^2}$, $(4x^2\sin x-4x\cos x-3\sin x)e^{-x^2}$ (5) $2x\log x+x$, $2\log x+3$

(6) $\dfrac{1}{\sqrt{1-x^2}}$, $x(1-x^2)^{-\frac{3}{2}}$ (7) $\dfrac{1}{x^2+1}$, $\dfrac{-2x}{(x^2+1)^2}$ (8) $\dfrac{x}{\sqrt{x^2+1}}$, $(x^2+1)^{-\frac{3}{2}}$

(9) $\dfrac{1}{3}(x-1)^{-\frac{2}{3}}$, $-\dfrac{2}{9}(x-1)^{-\frac{5}{3}}$

② (1) $6x^2-5\,(n=1)$, $12x\,(n=2)$, $12\,(n=3)$, $0\,(n\geqq 4)$

(2) $(-1)^n n!\,(3+x)^{-(n+1)}$ (3) $a^n e^{ax}$

(4) $(a^n x^3+3na^{n-1}x^2+3n(n-1)a^{n-2}x+n(n-1)(n-2)a^{n-3})e^{ax}$

(5) $(1+3\log x)x^2\,(n=1)$, $(5+6\log x)x\,(n=2)$,

$6\log x+11\,(n=3)$, $\dfrac{6}{x}\,(n=4)$, $6(-1)^n(n-4)!\,x^{-(n-3)}\,(n\geqq 5)$

(6) $\dfrac{2(-1)^n n!}{(x-1)^{n+1}}$ (7) $\left(\dfrac{5}{2}\right)^n (-1)^{n-1}(2n-3)(2n-5)\cdots 3\cdot 1\cdot(5x+1)^{-\left(n-\frac{1}{2}\right)}$

(8) $(-1)^n n!\left(\dfrac{1}{x^{n+1}}-\dfrac{1}{(x+1)^{n+1}}\right)$ $\left(\dfrac{1}{x(x+1)}=\dfrac{1}{x}-\dfrac{1}{x+1}$ を微分する$\right)$

6 微分法の応用—その1

微分法の応用は多方面にわたります．ここではまず，その中でも基本的な接線の方程式，平均値の定理，さらに不定形の極限値について考えましょう．

定義と公式

接線の方程式

関数 $y=f(x)$ の点 a における接線の方程式は，微分係数 $f'(a)$ を傾きとして点 $(a, f(a))$ を通る直線の方程式

$$y=f'(a)(x-a)+f(a)$$

となります．

平均値の定理

区間 $[a, b]$ のうちに，次を満たす点 c が少なくとも1つ存在します．

$$f'(c)=\frac{f(b)-f(a)}{b-a} \quad (a \leq c \leq b)$$

特に $f'(x) \equiv 0 \ (a \leq x \leq b)$ ならば $f(x) \equiv$ 定数 $(=f(a)=f(b))$ が成り立ちます．

不定形の極限値

関数 $\dfrac{f(x)}{g(x)}$ の $x \longrightarrow a$ ($a=\infty$ を含みます) のときの極限値を求める際に，$f(x)=g(x)=0$ または $\lim_{x \to a} f(x) = \lim_{x \to a} g(x) = \infty$ となる場合を不定形の極限値といいます．単純ですが

$$x \longrightarrow a \text{ のときに } \frac{f(x)}{g(x)} \longrightarrow \frac{0}{0} \text{ または } \frac{\infty}{\infty}$$

になる場合と覚えておくと良いでしょう．このときロピタルの定理

$$\lim_{x \to a} \frac{f(x)}{g(x)} = \lim_{x \to a} \frac{f'(x)}{g'(x)}$$

が成立します．

公式の使い方（例）

① 関数 $y=3x^2-2$ の上の点 $(1, 1)$ における接線の方程式を求めましょう．

まず微分係数を計算します．

$$(3x^2-2)'|_{x=1} = 6x|_{x=1} = 6$$

なので，接線の傾きは 6 です．点 $(1, 1)$ を通る傾き 6 の直線は

$$y=6(x-1)+1$$

これを変形して

$$y=6x-5$$

となり，これが求める接線の方程式です．

② 関数 $y=-\dfrac{2}{x}$ の接線で，点 $(2, 0)$ を通るものを求めましょう．

まず接点 $P\left(p, -\dfrac{2}{p}\right)$ における接線の方程式を求めます．関数を微分すると

$$\frac{dy}{dx} = \frac{2}{x^2}$$

なので公式から

$$y = \frac{2}{p^2}(x-p) - \frac{2}{p} = \frac{2}{p^2}x - \frac{4}{p}$$

が接点における接線の方程式となります．これが点 $(2, 0)$ を通るので

$$0 = \frac{2}{p^2} \cdot 2 - \frac{4}{p}$$

これより $p=1$．よって求める接線の方程式は

$$y=2x-4$$

③ 等式 $\sin^{-1}x + \cos^{-1}x = \dfrac{\pi}{2}$ を示しましょう．

これは左辺の導関数を計算することで証明します．逆関数の微分法より

$$(\sin^{-1}x)' + (\cos^{-1}x)' = \frac{1}{\sqrt{1-x^2}} - \frac{1}{\sqrt{1-x^2}} = 0$$

よって，公式より $\sin^{-1}x + \cos^{-1}x = $ 定数．式に $x=0$ を代入して定数の値を求めると

$$\sin^{-1}x + \cos^{-1}x = \sin^{-1}0 + \cos^{-1}0 = \frac{\pi}{2}$$

④ 極限値 $\lim_{x \to 1} \dfrac{\log x}{1-x^2}$ を求めましょう．

これは $f(x) = \log x$, $g(x) = 1-x^2$ としたとき $f(1) = g(1) = 0$ となるので，$x \to 1$ のとき $\dfrac{0}{0}$ となる不定形の極限です．よってロピタルの公式から

$$\lim_{x \to 1} \frac{\log x}{1-x^2} = \lim_{x \to 1} \frac{(\log x)'}{(1-x^2)'} = \lim_{x \to 1} \frac{\frac{1}{x}}{-2x} = -\frac{1}{2}$$

⑤ 極限値 $\lim_{x \to \infty} \dfrac{x}{e^x}$ を求めましょう．

これは $f(x) = x$, $g(x) = e^x$ としたとき $\lim_{x \to \infty} f(x) = \lim_{x \to \infty} g(x) = \infty$ となるので，$x \to \infty$ のとき $\dfrac{\infty}{\infty}$ となる不定形の極限です．よってロピタルの公式から

$$\lim_{x \to \infty} \frac{x}{e^x} = \lim_{x \to \infty} \frac{(x)'}{(e^x)'} = \lim_{x \to \infty} \frac{1}{e^x} = 0$$

やってみましょう

① 関数 $y = x^2 + x$ 上の点 $(2, 6)$ における接線と，関数 $y = -x^2 - 5$ の上の点 $(1, -6)$ における接線の交点を求めましょう．

まず関数 $y = x^2 + x$ の点 $x = 2$ における微分係数を求めると

$$(x^2+x)'|_{x=2}= \qquad |_{x=2}=$$

よって関数 $y=x^2+x$ の点 $(2, 6)$ を通る接線の方程式は

$$y= \qquad (x-2)+6$$

これを変形して

$$y=$$

となります．同様に微分係数

$$(-x^2)'|_{x=1}= \qquad |_{x=1}=$$

を計算して，関数 $y=-x^2-5$ の点 $(1, -6)$ における接線の方程式

$$y= \qquad (x-1)-6$$

これを変形して

$$y=$$

を得ます．

これら 2 つの接線の交点は，連立 1 次方程式

$$\begin{cases} y=5x-4 \\ y=-2x-4 \end{cases}$$

を解いて $(x, y)=$ \qquad であることがわかります．

② 点 $(-1, -6)$ を通る曲線 $y=x^2-2x$ の接線をすべて求めましょう．

関数の上の接点 $P(p, p^2-2p)$ における接線を導き，それが点 $(-1, -6)$ を通るための p の条件を求めます．

接点 P における微分係数は

$$(x^2-2x)'_{x=p}=(2x-2)|_{x=p}=2(x-1)|_{x=p}=$$

なので，P を通る接線の方程式は，公式より

$$y= \qquad (x-p)+p^2-2p=$$

となります．これが点 $(-1, -6)$ を通るので，x に -1，y に -6 を代入します．

$$-6 = \boxed{}$$

$$p^2 + \boxed{}\,p - \boxed{} = (p + \boxed{})(p - \boxed{}) = 0$$

すなわち，$p = \boxed{}\,,\,\boxed{}$．それぞれの場合の接線は

> $(p, p^2 - 2p)$ にそれぞれの値を代入して接点の座標を求めます．

接点 $\boxed{}$ における接線 $y = \boxed{}$

接点 $\boxed{}$ における接線 $y = \boxed{}$

となります．

③ 等式 $\sin^{-1}\dfrac{2x}{1+x^2} = \tan^{-1}\dfrac{2x}{1-x^2}$ $(-1 < x < 1)$ を示しましょう．

両辺は $x = 0$ のときともに 0 であることに注意し，関数

$$f(x) = \sin^{-1}\frac{2x}{1+x^2} - \tan^{-1}\frac{2x}{1-x^2}$$

を定め，その微分を計算してみます．逆関数の微分法と合成関数の微分法より

$$f'(x) = (\sin^{-1} y)'\big|_{y = 2x/(1+x^2)} \left(\frac{2x}{1+x^2}\right)' - (\tan^{-1} y)'\big|_{y = 2x/(1-x^2)} \left(\frac{2x}{1-x^2}\right)'$$

$$= \frac{1}{\sqrt{1-y^2}}\bigg|_{y = 2x/(1+x^2)} \left(\frac{2x}{1+x^2}\right)' - \frac{1}{1+y^2}\bigg|_{y = 2x/(1-x^2)} \left(\frac{2x}{1+x^2}\right)'$$

$$= \boxed{}$$

> 代入と商の微分

$$-\boxed{}$$

$$= \frac{\boxed{}}{\sqrt{(1+2x^2+x^4) - 4x^2}\ \ \boxed{}(1+x^2)^2} - \frac{\boxed{}}{(1-2x^2+x^4) + 4x^2}$$

$$= \frac{1}{\sqrt{\boxed{}}}\ \frac{\boxed{}}{1+x^2} - \boxed{}$$

$$= \boxed{} - \boxed{} = 0 \qquad (-1<x<1)$$

よって $-1<x<1$ において $f(x)=$ 定数 $=\boxed{}$ となり，最初に与えられた等式が示されました．

> 定数ですから $f(x)$ は $f(0)$ と恒等的に等しいということです．

④ 極限値 $\lim_{x\to 0}\dfrac{e^x-\cos x}{\sin x}$ を求めましょう．

これは $f(x)=e^x-\cos x$, $g(x)=\sin x$ としたとき，$f(0)=g(0)=0$ となるので，$x\longrightarrow 0$ のとき $\dfrac{0}{0}$ となる不定形の極限です．よってロピタルの公式から

$$\lim_{x\to 0}\frac{e^x-\cos x}{\sin x}=\lim_{x\to 0}\frac{\left(\boxed{}\right)'}{\left(\boxed{}\right)'}=\lim_{x\to 0}\boxed{}=\boxed{}$$

となります．

⑤ 極限値 $\lim_{x\to 1}x^{\frac{1}{1-x}}$ を求めましょう．

これは少し工夫が必要です．$x=e^{\log x}$ であることに注意すると

$$\lim_{x\to 1}x^{\frac{1}{1-x}}=\lim_{x\to 1}e^{\frac{\log x}{1-x}}$$

となります．この指数において $f(x)=\log x$, $g(x)=1-x$ としたとき，$f(1)=g(1)=0$ となるので，指数は $x\longrightarrow 1$ のとき $\dfrac{0}{0}$ となる不定形の極限です．よってロピタルの公式から

$$\lim_{x\to 1}\frac{\log x}{1-x}=\lim_{x\to 1}\frac{(\log x)'}{(1-x)'}=\lim_{x\to 1}\boxed{}=\boxed{}$$

よってもとの式に戻ると

$$\lim_{x\to 1}x^{\frac{1}{1-x}}=\boxed{}=\boxed{}$$

となります．

練 習 問 題

① 点 $(1, 3)$ を通る関数 $y=x^2+x$ の接線は存在しないことを示してください．
② 導関数を計算することにより次の公式を示してください．

(1) $\tan^{-1}x+\cot^{-1}x=\dfrac{\pi}{2}$ (2) $b\leq x\leq a$ で $\sin^{-1}\sqrt{\dfrac{x-b}{a-b}}=\tan^{-1}\sqrt{\dfrac{x-b}{a-x}}$

ただし，$\cot x=\dfrac{\cos x}{\sin x}$ であり，$\cot^{-1}x$ はその逆関数です．（つまり，$\cot y=x, 0\leq y\leq \pi$ を満たす y です．）

③ 次の極限値を求めてください．

(1) $\displaystyle\lim_{x\to 0}\dfrac{\log(1+x+x^2)}{x}$ (2) $\displaystyle\lim_{x\to 0}\dfrac{\sin x-x}{\sin^{-1}x-x}$ (3) $\displaystyle\lim_{x\to 0}\dfrac{e^{\frac{x}{2}}-\cos x}{x^2}$ (4) $\displaystyle\lim_{x\to\infty}\dfrac{\log x}{x^a}\ (a>0)$

(5) $\displaystyle\lim_{x\to 0, x>0}x^a\log x\ (a>0)$ (6) $\displaystyle\lim_{x\to 0, x>0}x^x$ (7) $\displaystyle\lim_{x\to\infty}x^{\frac{1}{x}}$ (8) $\displaystyle\lim_{x\to\infty}x\tan^{-1}\dfrac{1}{x}$ (9) $\displaystyle\lim_{x\to 0}\dfrac{e^{1-\cos x}-1}{x^2}$

(10) $\displaystyle\lim_{x\to 0}\dfrac{\sin 2x+\tan x}{x}$ (11) $\displaystyle\lim_{x\to 0}\dfrac{\sinh x-x}{x-\sin x}$ (12) $\displaystyle\lim_{x\to 0}\dfrac{\tan x-\sin x}{x^2}$ (13) $\displaystyle\lim_{x\to\infty}\dfrac{x^n}{e^x}$

(14) $\displaystyle\lim_{x\to 0, x>0}x\log\sin x$ (15) $\displaystyle\lim_{x\to 0}\left(\dfrac{1}{\sin x}-\dfrac{1}{x}\right)\times\dfrac{1}{x}$ (16) $\displaystyle\lim_{x\to 1}\left(\dfrac{1}{\log x}-\dfrac{1}{x-1}\right)$ (17) $\displaystyle\lim_{x\to 0}(\cos 2x)^{\frac{1}{x}}$

(18) $\displaystyle\lim_{x\to 0, x>0}(\tan x)^{\sin x}$

答え

やってみましょうの答え

① $(x^2+x)'|_{x=2}=\boxed{(2x+1)}|_{x=2}=\boxed{5}$

接線の方程式は，$y=\boxed{5}(x-2)+6$．これを変形して $y=\boxed{5x-4}$．

$(-x^2)'|_{x=1}=\boxed{(-2x)}|_{x=1}=\boxed{-2}$

接線の方程式は，$y=\boxed{-2}(x-1)-6$．これを変形して $y=\boxed{-2x-4}$．

2つの接線の交点は，$(x, y)=(0, -4)$．

② $(x^2-2x)'|_{x=p}=\boxed{2(p-1)}$

接線の方程式は，$y=\boxed{2(p-1)}(x-p)+p^2-2p=\boxed{2(p-1)x-p^2}$

点 $(-1, -6)$ を通るので，$-6=-2(p-1)-p^2$

$p^2+\boxed{2}p-\boxed{8}=(p+\boxed{4})(p-\boxed{2})=0, p=\boxed{-4}, \boxed{2}$

接点 $\boxed{(-4, 24)}$ における接線 $y=\boxed{-10x-16}$，接点 $\boxed{(2, 0)}$ における接線 $y=\boxed{2x-4}$

③ $f'(x)=\boxed{\dfrac{1}{\sqrt{1-(2x/(1+x^2))^2}}}\boxed{\dfrac{2(1+x^2)-(2x)^2}{(1+x^2)^2}}$

$-\boxed{\dfrac{1}{1-(2x/(1+x^2))^2}}\boxed{\dfrac{2(1-x^2)+(2x)^2}{(1-x^2)^2}}$

$$= \frac{\boxed{1+x^2}}{\sqrt{1+(2x^2+x^4)-4x^2}} \cdot \frac{\boxed{2(1-x^2)}}{(1+x^2)^2} - \frac{\boxed{2(1+x^2)}}{(1-2x^2+x^4)+4x^2}$$

$$= \frac{1}{\sqrt{\boxed{(1-x^2)^2}}} \cdot \frac{\boxed{2(1-x^2)}}{1+x^2} - \frac{\boxed{2}}{1+x^2} = \frac{\boxed{2}}{1+x^2} - \frac{\boxed{2}}{1+x^2}$$

$$= 0 \quad (-1 < x < 1)$$

よって $-1 < x < 1$ において $f(x) =$ 定数 $= \boxed{0}$

④ $\displaystyle\lim_{x\to 0}\frac{e^x-\cos x}{\sin x} = \lim_{x\to 0}\frac{(e^x-\cos x)'}{(\boxed{\sin x})'} = \lim_{x\to 0}\frac{e^x+\sin x}{\cos x} = \boxed{1}$

⑤ $\displaystyle\lim_{x\to 1}\frac{\log x}{1-x} = \lim_{x\to 1}\boxed{\frac{1}{-x}} = \boxed{-1}$. $\displaystyle\lim_{x\to 1}x^{\frac{1}{1-x}} = \boxed{e^{-1}} = \boxed{\frac{1}{e}}$

練習問題の答え

① 接点 (p, p^2+p) における接線の方程式は $y=(2p+1)x-p^2$. これが点 $(1, 3)$ を通るためには $p^2-2p+2=0$. しかし，この 2 次方程式の判別式は -4 なので実数解をもたない．

② (1) $(\tan^{-1}x+\cot^{-1}x)' = \dfrac{1}{x^2+1}-\dfrac{1}{x^2+1}=0$. $x=0$ を代入すると答え．

(2) 左辺－右辺を微分します．

$$\left(\sin^{-1}\sqrt{\frac{x-b}{a-b}}-\tan^{-1}\sqrt{\frac{x-b}{a-x}}\right)'$$

$$= \frac{1/\sqrt{(x-b)(a-b)}}{2\sqrt{1-\dfrac{x-b}{a-b}}} - \frac{\dfrac{1}{\sqrt{(a-x)(x-b)}}+\sqrt{\dfrac{x-b}{(a-x)^3}}}{2\left(1+\dfrac{x-b}{a-x}\right)}$$

$$= \frac{1}{2\sqrt{(a-x)(x-b)}} - \frac{1}{2\sqrt{(a-x)(x-b)}} = 0.$$

$x=a$ を代入すると両方とも $\pi/2$ で等しい．

③ (1) 1 (2) -1 (3) ∞ (4) 0 (5) 0 (6) 1 $(x^x=e^{x\log x})$ (7) 1 (8) 1 (9) $\dfrac{1}{2}$

(10) 3 (11) 1 (12) 0 (13) 0 (14) 0 (15) $\dfrac{1}{6}$ (16) $\dfrac{1}{2}$ (17) 1 (18) 1

7 微分法の応用—その2

　テイラー展開は，関数 $y=f(x)$ を多項式関数 $x^n(n=0, 1, 2, \cdots)$ を用いて表す公式です．複雑な関数を，比較的取り扱いやすい多項式関数で近似する公式なので，実に多方面に適用されます．

定義と公式

テイラー展開

$$f(a+h)=f(a)+f'(a)h+\frac{f''(a)}{2!}h^2+\cdots+\frac{f^{(n-1)}(a)}{(n-1)!}h^{n-1}+\frac{f^{(n)}(a+\theta h)}{n!}h^n \quad (0<\theta<1)$$

特に $a=0$ のとき

$$f(x)=f(0)+f'(0)x+\frac{f''(0)}{2!}x^2+\cdots+\frac{f^{(n-1)}(0)}{(n-1)!}x^{n-1}+\frac{f^{(n)}(\theta x)}{n!}x^n \quad (0<\theta<1)$$

$n \longrightarrow \infty$ とするのが可能であれば，それぞれ

$$f(a+h)=f(a)+f'(a)h+\frac{f''(a)}{2!}h^2+\cdots+\frac{f^{(n)}(a)}{n!}h^n+\cdots$$

$$f(x)=f(0)+f'(0)x+\frac{f''(0)}{2!}x^2+\cdots+\frac{f^{(n)}(0)}{n!}x^n+\cdots$$

初等関数のテイラー展開

$$e^x=1+x+\frac{x^2}{2!}+\cdots+\frac{x^n}{n!}+\cdots \quad (|x|<\infty)$$

$$\sin x=x-\frac{x^3}{3!}+\cdots+\frac{(-1)^n}{(2n+1)!}x^{2n+1}+\cdots \quad (|x|<\infty)$$

$$\cos x=1-\frac{x^2}{2!}+\cdots+\frac{(-1)^n}{(2n)!}x^{2n}+\cdots \quad (|x|<\infty)$$

$$\log(1+x)=x-\frac{x^2}{2}+\frac{x^3}{3}-\cdots+(-1)^{n-1}\frac{x^n}{n}+\cdots \quad (-1<x<1)$$

ニュートン展開，一般化2項展開

$\alpha \in \mathbf{R}$ として

$$(1+x)^\alpha = \sum_{k=0}^{\infty} \binom{\alpha}{k} x^k \quad (-1 < x < 1)$$

$$\left(ここで \binom{\alpha}{k} = \frac{\alpha(\alpha-1)\cdots(\alpha-k+1)}{k!}\right)$$

公式の使い方（例）

① 次の関数の原点 $x=0$ におけるテイラー展開を求めましょう．

$$f(x) = \frac{1}{1-x}$$

まず n 階導関数を計算します．

$$f'(x) = \frac{1}{(1-x)^2}, \quad f''(x) = \frac{2}{(1-x)^3}, \quad \cdots, \quad f^{(n)}(x) = \frac{n!}{(1-x)^{n+1}}$$

これより $f^{(n)}(0) = n!$ がわかります．よってテイラー展開の公式から

$$\frac{1}{1-x} = f(0) + f'(0)x + \frac{f''(0)}{2!}x^2 + \cdots + \frac{f^n(0)}{n!}x^n + \cdots$$
$$= 1 + x + x^2 + \cdots + x^n + \cdots$$

この展開は，実は $|x|<1$ において成立します．大雑把にですがその考え方を述べておきます．

右辺の展開を n 項まで取り $(1-x)$ を掛けると

$$(1+x+x^2+\cdots+x^n)(1-x) = 1+x+\cdots+x^n - x(1+x+\cdots+x^n)$$
$$= 1 - x^{n+1}$$

となります．これは，$|x|<1$ ならば $n \to \infty$ のとき 1 に収束します．

② 次の関数の，それぞれ $x=1$ におけるテイラー展開を求めてみましょう．

(1) $f(x) = 1 + 2x + 2x^2 - x^3$,

(2) $g(x) = \dfrac{1}{3-x}$

両問とも微分してもできますが，$x-1=X$ を代入するほうが簡単です．

(1) $\quad f(x)=1+2(X+1)+2(X+1)^2-(X+1)^3$
$\quad\quad\quad =4+3X-X^2-X^3$
$\quad\quad\quad =4+3(x-1)-(x-1)^2-(x-1)^3$

(2) $\quad g(x)=\dfrac{1}{2-X}=\dfrac{1}{2}\dfrac{1}{1-\left(\dfrac{X}{2}\right)}$
$\quad\quad\quad =\dfrac{1}{2}\sum_{k=0}^{\infty}\left(\dfrac{X}{2}\right)^k$
$\quad\quad\quad =\dfrac{1}{2}\sum_{k=0}^{\infty}\left(\dfrac{x-1}{2}\right)^k$

③ テイラー展開を用いて次の極限値を求めましょう．

$$\lim_{x\to 0}\dfrac{e^x-e^{-x}-2x}{x^3}$$

分子の関数をテイラー展開します．

$$e^x=1+x+\dfrac{x^2}{2!}+\dfrac{x^3}{3!}+\cdots+\dfrac{x^n}{n!}+\cdots$$

$$e^{-x}=1-x+\dfrac{x^2}{2!}-\dfrac{x^3}{3!}+\cdots+\dfrac{(-1)^n}{n!}x^n+\cdots$$

となるので

$e^x-e^{-x}-2x$
$\quad =1+x+\cdots+\dfrac{x^n}{n!}+\cdots-\left(1-x+\dfrac{x^2}{2!}-\cdots+\dfrac{(-1)^n}{n!}x^n+\cdots\right)-2x$
$\quad =2\left(x+\dfrac{x^3}{3!}+\dfrac{x^5}{5!}+\cdots+\dfrac{x^{2n+1}}{(2n+1)!}+\cdots\right)-2x$
$\quad =2\left(\dfrac{x^3}{3!}+\dfrac{x^5}{5!}+\cdots+\dfrac{x^{2n+1}}{(2n+1)!}+\cdots\right)$

よって

$$\lim_{x\to 0}\frac{e^x-e^{-x}-2x}{x^3}=\lim_{x\to 0}\left(\frac{2}{3!}+\frac{2}{5!}x^2+\cdots+\frac{2x^{2n-2}}{(2n+1)!}+\cdots\right)=\frac{2}{3!}=\frac{1}{3}$$

> 上の $\frac{x^5}{5!}$ 以下の項は，明らかに x^3 で割って $x\longrightarrow 0$ とすると 0 に近づくことだけがわかればよく，具体的な形は必要ありません．よってこの項を $o(x^3)$ と書きます．一般には $o(x^n)$ とは $\lim\frac{o(x^n)}{x^n}=0$ であることを指します（ランダウの記号）．「スモールオーダー」と読みます．この記号を用いると，上の答えは，$e^x=1+x+\frac{x^2}{2}+\frac{x^3}{6}+o(x^3)$, $e^{-x}=1-x+\frac{x^2}{2}-\frac{x^3}{6}+o(x^3)$ となって，$e^x-e^{-x}-2x=\frac{x^3}{3}+o(x^3)$，つまり，$\lim_{x\to 0}\frac{e^x-e^{-x}-2x}{x^3}=\lim_{x\to 0}\frac{\frac{x^3}{3}+o(x^3)}{x^3}=\frac{1}{3}$ と書くことができます．

④ テイラー展開を用いて次の近似値を小数第 2 位まで求めてください．

(1) $e^{0.7}$ (2) $9^{\frac{1}{3}}\left(=2\left(1+\frac{1}{8}\right)^{\frac{1}{3}}\right)$

(1)
$$e^{0.7}=1+0.7+\frac{(0.7)^2}{2}+\frac{(0.7)^3}{6}+\frac{(0.7)^4}{24}+\cdots$$
$$=1+0.7+0.245+0.05717+0.01000+0.00014$$
$$\fallingdotseq 2.012\fallingdotseq 2.01$$

(2)
$$2\left(1+\frac{1}{8}\right)^{\frac{1}{3}}\fallingdotseq 2\left(1+\left(\frac{1}{3}\right)\left(\frac{1}{8}\right)+\left(\frac{1}{2}\right)\left(\frac{1}{3}\right)\left(\frac{1}{3}-1\right)\left(\frac{1}{8}\right)^2\right)\fallingdotseq 2.08$$

> (1)からは，いわゆる「70 の法則（年利率 r ％の複利貯金は約 $70/r$ 年で 2 倍になる）」が，$(1+r/100)^{70/r}=((1+r/100)^{100/r})^{0.7}\fallingdotseq e^{0.7}\fallingdotseq 2$ として導かれます．

やってみましょう

① 次の関数の原点 $x=0$ におけるテイラー展開を求めましょう．

$$\log\frac{1+x}{1-x} \quad (|x|<1)$$

そのまま n 階導関数を計算してもよいのですが，少し工夫すると計算が楽になります．

$$\log\frac{1+x}{1-x}=\log(1+x)-\log(1-x)$$

> 2章にあるように一般に $\log xy=\log x+\log y$, $\log\frac{y}{x}=\log y-\log x$

なので，右辺のそれぞれのテイラー展開を利用します．公式より

$$\log(1+x)=$$

$$\log(1-x)=-x-\frac{x^2}{2}-\frac{x^3}{3}-\cdots-\frac{x^n}{n}-\cdots$$

これより

$$\log\frac{1+x}{1-x}=$$

$$-$$

$$=$$

となります．

② $\cos(\sin x)$ の $x=0$ におけるテイラー展開の x^4 の項まで求めてみましょう．

これを普通に微分したら大変です．

$$\cos x=$$

の x のところに

$$\sin x=$$

を代入してみましょう．x^4 より高次の項は必要ないので

$$\cos(\sin x)=1-\frac{1}{2}\Big(\qquad\Big)^2+\frac{1}{24}\qquad^4+o(x^4)$$

$$=\qquad\qquad+o(x^4)$$

たとえばこれを用いると

$$\lim_{x\to 0}\frac{\cos(\sin x)-1}{x^2}=-\frac{1}{2},\quad \lim_{x\to 0}\frac{\cos(\sin x)-1+\frac{x^2}{2}}{x^4}=\frac{5}{24}$$

などがわかります．

③ 次の極限値が有限の値として存在するように定数 a, b を定めて，そのときの極限値を求めましょう．

$$\lim_{x\to 0}\frac{e^x+ae^{-x}+b\sin x}{x^3}$$

分母は x^3 と3次の項なので，分子のテイラー展開を求め2次までの項が消えるように定数 a, b の値を決めます．

$$e^x = \quad + \quad + \quad + \quad + \quad +\cdots$$

$$e^{-x} =$$

$$\sin x = \quad - \quad +\cdots$$

なので

$$e^x+ae^{-x}+b\sin x = 1+a+\qquad x+\qquad \frac{x^2}{2}$$

$$+\qquad + \frac{x^3}{3!}+\qquad \frac{x^4}{4!}+\cdots$$

これより

$$\qquad =0,\qquad\qquad =0$$

> 「2次までの項が消える」ことから、2次までの項の係数を0とします．

すなわち $a=\quad,\ b=\quad$ のとき

$$e^x + ae^{-x} + b\sin x = \boxed{} x^3 + \boxed{} x^7 + \cdots$$

となり，このとき

$$\lim_{x\to 0}\frac{e^x - e^{-x} - 2\sin x}{x^3} = \lim_{x\to 0}\left(\boxed{} + \boxed{} x^4 + \cdots\right) = \boxed{}$$

となります．

練習問題

① 次の関数の原点におけるテイラー展開を求めてください．

(1) e^{2x} (2) $\dfrac{1}{1-x^3}$ (3) $\log(1+x^2)$ (4) $\sinh x$ (5) $\cosh x$ (6) $\dfrac{1}{(1-x)^2}$

(7) $\sin x \cos x$ (8) $\dfrac{1}{1+x+x^2}\left(=\dfrac{1-x}{1-x^3}\text{ と変形せよ}\right)$ (9) $e^{\sin x}$ (x^4 の項まで)

(10) $e^{-1+\cos x}$ (x^4 の項まで) (11) $e^{\cos x}$ (x^4 の項まで)

(12) $\sin^{-1}(x)$ (x^3 の項まで) (13) $\dfrac{1}{\sqrt{1-x}}$ (x^3 の項まで)

((12), (13)はここでは第3項までの微分を計算して求めてみましょう．後で別のやり方も紹介します．)

② 次の関数の $x=2$ におけるテイラー展開を x^4 の項まで求めてください．

(1) e^{x^2} (2) $\dfrac{1}{3+x}$ (3) $\log(1+x)$ (4) $\sinh x$

③ 次の極限値が有限な値として存在するように定数 a, b を定めて，そのときの極限値を求めましょう．

$$\lim_{x\to 0}\frac{e^{-x} + a\log(1+x) + b\cos x}{x^2}.$$

④

(1) $\sqrt{3} = \dfrac{7}{4}\left(1 - \dfrac{1}{49}\right)^{\frac{1}{2}}$ を用いて $\sqrt{3}$ の近似値を小数第3位まで求めてください．

(2) $\dfrac{1}{2}\log\dfrac{1+x}{1-x} = x + \dfrac{1}{3}x^3 + \dfrac{1}{5}x^5 + \cdots$ を用いて，$\log 2$ の近似値を小数第3位まで求めてください．

答え

やってみましょうの答え

① $\log(1+x) = \boxed{x - \dfrac{x^2}{2} + \dfrac{x^3}{3} - \cdots + (-1)^{n-1}\dfrac{x^n}{n} + \cdots}$

$\log\dfrac{1+x}{1-x} = \boxed{\left(x - \dfrac{x^2}{2} + \cdots + (-1)^{n-1}\dfrac{x^n}{n} + \cdots\right)} - \boxed{\left(-x - \dfrac{x^2}{2} - \cdots - \dfrac{x^n}{n} - \cdots\right)}$

$= 2\boxed{\left(x + \dfrac{x^3}{3} + \cdots + \dfrac{x^{2n+1}}{2n+1} + \cdots\right)}$

② $\cos x = \boxed{1 - \dfrac{1}{2}x^2 + \cdots + \dfrac{(-1)^n}{(2n)!}x^{2n} + \cdots}$, $\sin x = \boxed{x - \dfrac{x^3}{3!} + \cdots + \dfrac{(-1)^n}{(2n+1)!}x^{2n+1} + \cdots}$

$\cos(\sin x) = 1 - \dfrac{1}{2}\boxed{\left(x - \dfrac{x^3}{6} + o(x^4)\right)}^2 + \dfrac{1}{24}\boxed{x}^4 + o(x^4) = \boxed{1 - \dfrac{1}{2}x^2 + \dfrac{5}{24}x^4} + o(x^4)$

③ $e^x = \boxed{1} + \boxed{x} + \boxed{\dfrac{x^2}{2}} + \boxed{\dfrac{x^3}{3!}} + \boxed{\dfrac{x^4}{4!}} + \cdots$

$e^{-x} = \boxed{1 - x + \dfrac{x^2}{2} - \dfrac{x^3}{3!} + \dfrac{x^4}{4!} - \cdots}$, $\sin x = \boxed{x} - \boxed{\dfrac{x^3}{3!}} + \cdots$

$e^x + ae^{-x} + b\sin x = 1 + a + \boxed{(1-a+b)}x + \boxed{(1+a)}\dfrac{x^2}{2} + \boxed{(1-a-b)}\dfrac{x^3}{3!} + \boxed{(1+a)}\dfrac{x^4}{4!} + \cdots$

これより
$$\boxed{(1+a)} = 0, \quad \boxed{(1-a+b)} = 0$$

すなわち $a = \boxed{-1}$, $b = \boxed{-2}$ のとき

$$e^x + ae^{-x} + b\sin x = \boxed{\dfrac{2}{3}}x^3 + \boxed{\dfrac{4}{7!}}x^7 + \cdots$$

となり，このとき

$$\lim_{x \to 0}\dfrac{e^x - e^{-x} - 2\sin x}{x^3} = \lim_{x \to 0}\left(\boxed{\dfrac{2}{3}} + \boxed{\dfrac{4}{7!}}x^4 + \cdots\right) = \boxed{\dfrac{2}{3}}$$

練習問題の答え

① 以下では $0! = 1$ とします．

(1) $\displaystyle\sum_{n=0}^{\infty}\dfrac{1}{n!}(2x)^n$ (2) $1 + x^3 + x^6 + \cdots = \displaystyle\sum_{n=0}^{\infty}x^{3n}$

(3) $\sum_{n=1}^{\infty}(-1)^{n-1}\dfrac{x^{2n}}{n}$

(4) $\dfrac{e^x-e^{-x}}{2}=x+\dfrac{x^3}{3!}+\cdots=\sum_{n=1}^{\infty}\dfrac{x^{2n-1}}{(2n-1)!}$

(5) $\dfrac{e^x+e^{-x}}{2}=1+\dfrac{x^2}{2!}+\cdots=\sum_{n=0}^{\infty}\dfrac{x^{2n}}{(2n)!}$

(6) $\left(\dfrac{1}{1-x}\right)'=\left(\sum_{n=0}^{\infty}x^n\right)'=\sum_{n=1}^{\infty}nx^{n-1}$

(7) $\dfrac{1}{2}\sin 2x=\sum_{n=1}^{\infty}\dfrac{(-1)^{n-1}(2x)^{2n-1}}{2(2n-1)!}$

(8) $(1-x)(1+x^3+x^6+\cdots)=1-x+x^3-x^4+x^6-\cdots$

(9) $e^{x-\frac{x^3}{3!}}+(5\text{次以上})$

$\qquad =1+\left(x-\dfrac{x^3}{3!}\right)+\dfrac{1}{2!}\left(x-\dfrac{x^3}{3!}\right)^2+\dfrac{x^3}{3!}+\dfrac{x^4}{4!}+(5\text{次以上})$

$\qquad =1+x+\dfrac{x^2}{2}-\dfrac{x^4}{8}+(5\text{次以上})$

(10) $e^{-\frac{x^2}{2}+\frac{x^4}{4!}}+(5\text{次以上})$

$\qquad =1+\left(-\dfrac{x^2}{2}+\dfrac{x^4}{4!}\right)+\dfrac{1}{2!}\left(-\dfrac{x^2}{2}\right)^2+(5\text{次以上})$

$\qquad =1-\dfrac{x^2}{2}+\dfrac{x^4}{6}+(5\text{次以上})$

(11) $e\cdot e^{-\frac{x^2}{2}+\frac{x^4}{4!}}+(5\text{次以上})$

$\qquad =e-\dfrac{e}{2}x^2+\dfrac{e}{6}x^4+(5\text{次以上})$

(12) $x+\dfrac{1}{3!}x^3+(4\text{次以上})\quad\left((\sin^{-1}x)'=\dfrac{1}{\sqrt{1-x^2}}\right)$

(13) $1+\dfrac{1}{2}x+\dfrac{3}{8}x^2+\dfrac{5}{16}x^3+(4\text{次以上})$

② 以下では $X=x-2$ と表します．

(1) e^{4+4X+X^2}

$\qquad =e^4+e^4(4X+X^2)+\dfrac{e^4}{2!}(4X+X^2)^2$

$\qquad\quad +\dfrac{e^4}{3!}(4^3X^3+48X^3)+\dfrac{e^4}{4!}4^4X^4+(5\text{次以上})$

$\qquad =e^4+4e^4(x-2)+9e^4(x-2)^2+\dfrac{68e^4}{3}(x-2)^3$

$\qquad\quad +\dfrac{67e^4}{6}(x-2)^4+(5\text{次以上})$

(2) $\dfrac{1}{5}\cdot\dfrac{1}{1+\dfrac{X}{5}}$

$$= \frac{1}{5}\left(1 - \frac{X}{5} + \frac{X^2}{5^2} - \frac{X^3}{5^3} + \frac{X^4}{5^4} + (\text{5 次以上})\right)$$

$$= \frac{1}{5} - \frac{x-2}{5^2} + \frac{(x-2)^2}{5^3} - \frac{(x-2)^3}{5^4} + \frac{(x-2)^4}{5^5} + (\text{5 次以上})$$

(3) $\log 3 + \log\left(1 + \dfrac{X}{3}\right)$

$$= \log 3 + \frac{x-2}{3} - \frac{(x-2)^2}{2\cdot 3^2} + \frac{(x-2)^3}{3^3} - \frac{(x-2)^4}{4\cdot 3^3} + (\text{5 次以上})$$

(4) $\dfrac{1}{2}(e^2 e^X - e^{-2} e^{-X})$

$$= \sinh 2 + \cosh 2(x-2) + \sinh 2\frac{(x-2)^2}{2} + \cosh 2\frac{(x-2)^3}{3!}$$

$$+ \sinh 2\frac{(x-2)^4}{4!} + (\text{5 次以上})$$

③ 分子 $= 1 - x + \dfrac{x^2}{2} + a\left(x - \dfrac{x^2}{2}\right) + b\left(1 - \dfrac{x^2}{2}\right) + (\text{3 次以上}) = (1+b) + (-1+a)x + \dfrac{1-a-b}{2}x^2 + (\text{3 次以上})$ より $a=1$, $b=-1$ のとき極限値 $\dfrac{1}{2}$.

④ (1) $(1-x)^{\frac{1}{2}} = 1 - \dfrac{1}{2}x - \dfrac{1}{8}x^2 - \cdots$, $x = \dfrac{1}{49}$ を代入. $\dfrac{1}{8}\cdot\dfrac{1}{49^2} < 0.0001$, $\dfrac{7}{4} = 1.75$ より $\sqrt{3} \fallingdotseq 1.75\left(1 - \dfrac{1}{2\cdot 49}\right) = 1.75 - 0.0178\cdots = 1.732\cdots$.

(2) $x = \dfrac{1}{3}$ とすると $(1+x)/(1-x) = 2$. よって

$$\log 2 = 2 \times \left(\frac{1}{3} + \frac{1}{3^4} + \frac{1}{5\times 3^5} + \cdots\right) \fallingdotseq 2 \times (0.3333\cdots + 0.0123\cdots + 0.0008\cdots + \cdots) \fallingdotseq 0.693.$$

8 微分法の応用—その3

　関数の増減や凹凸を調べるために微分は極めて有効です．逆に述べると，このような関数の極値問題を考察することに微分法を学ぶ１つの大きな理由があるといえます．ここでは，そのうちの基本的なことがらを練習します．

定義と公式

$f'(x)>0\,(a<x<b)$ ならば $f(x)$ は区間 $(a,\ b)$ で単調増加．
$f'(x)<0\,(a<x<b)$ ならば $f(x)$ は区間 $(a,\ b)$ で単調減少．
$f''(x)>0\,(a<x<b)$ ならば $f(x)$ は区間 $(a,\ b)$ で下に凸．
$f''(x)<0\,(a<x<b)$ ならば $f(x)$ は区間 $(a,\ b)$ で上に凸．
$f(x)$ が点 $x=c$ で極値をとるならば $f'(c)=0$．（極値であるための必要条件（１階必要条件ともいう））
$f'(c)=0$ かつ $f''(c)>0$ ならば $f(x)$ は点 $x=c$ で極小．
$f'(c)=0$ かつ $f''(c)<0$ ならば $f(x)$ は点 $x=c$ で極大．（極大・極小であるための十分条件（２階十分条件ともいう））

$$(x=c\text{ でテイラー展開すると } f(x) \fallingdotseq f(c)+\frac{1}{2}f''(c)(x-c)^2 \text{ となるので})$$

公式の使い方（例）

① $x>0$ のとき次の不等式が成り立つことを示しましょう．

$$e^x>1+x$$

これは e^x のテイラー展開

$$e^x=1+x+\frac{x^2}{2!}+\cdots+\frac{x^n}{n!}+\cdots$$
$$>1+x \quad (x>0)$$

より明らかなのですが，ここでは別の方法で示してみます．関数

$$f(x) = e^x - (1+x)$$

を定め，$x>0$ のとき $f(x)>0$ となることをいいます．微分すると

$$f'(x) = e^x - 1 > 0 \quad (x>0)$$

よって公式より $f(x)$ は $x>0$ において単調増加．

$$f(0) = 1 - 1 = 0$$

なので $f(x)>0\,(x>0)$ がわかります．

② 関数 $y = x - e^x + 2$ の極値を求めましょう．

まず極値の候補を求めます．すなわち微分してそれが消える点を求めます．

$$\frac{dy}{dx} = 1 - e^x = 0$$

よって $x = 0$ が極値の候補となります．

$$\frac{d^2y}{dx^2}\bigg|_{x=0} = -e^x\big|_{x=0} = -1 < 0$$

なので，公式より $y = x - e^x + 2$ は $x=0$ において極大値 $y|_{x=0} = -1 + 2 = 1$ をとります．

③ 閉区間 $-2 \leq x \leq 1$ における関数 $y = x^3 - 3x$ の最大・最小を求めましょう．

関数の極大・極小を調べますと，この場合は境界 $x = -2, 1$ での値も問題になります．

まず微分すると

$$\frac{dy}{dx} = 3x^2 - 3 = 3(x-1)(x+1)$$

$$\frac{d^2y}{dx^2} = 6x$$

よって関数 $y = x^3 - 3x$ は，$x = -1$ で極大値 $y|_{x=-1} = 2$，$x = 1$ で極小値 $y|_{x=1} = -2$ をとります．境界での値は

$$y|_{x=-2} = -2$$

なので，まとめると

$x = -1$ で最大値 $y = 2$
$x = -2, 1$ で最小値 $y = -2$

④ 次の関数の増減，極値，凹凸を調べてグラフの概形を描きましょう．

$$y = \frac{x}{1+x^2}$$

関数の増減，極値は1階微分の，凹凸の2階微分の，それぞれ正負に関連します．よって関連は微分します．

$$\frac{dy}{dx} = \frac{1+x^2-2x^2}{(1+x^2)^2} = \frac{1-x^2}{(1+x^2)^2}$$

$$\frac{d^2y}{dx^2} = \frac{-2x(1+x^2)-4x(1-x^2)}{(1+x^2)^3} = \frac{2x(x^2-3)}{(1+x^2)^3}$$

これより増減についての情報は

$x \longrightarrow \pm\infty$ のとき $y \longrightarrow 0$．

$x=-1$ で極小値 $y=-\frac{1}{2}$．$x=1$ で極大値 $y=\frac{1}{2}$．

$-\infty < x < -\sqrt{3}$，$0 < x < \sqrt{3}$ で y は上に凸．

$-\sqrt{3} < x < 0$，$\sqrt{3} < x < \infty$ で y は下に凸．

となり，これを表にまとめると

表 8.1　増減表

x	$-\infty$		$-\sqrt{3}$		-1		0		1		$\sqrt{3}$		$+\infty$
$\frac{dy}{dx}$	$-$	$-$	$-$	$-$	0	$+$	$+$	$+$	0	$-$	$-$	$-$	$-$
$\frac{d^2y}{dx^2}$	$-$	$-$	0	$+$	$+$	$+$	0	$-$	$-$	$-$	0	$+$	$+$
y	0	単調減少，上に凸	$-\frac{\sqrt{3}}{4}$	単調減少，下に凸	$-\frac{1}{2}$	単調増加，下に凸	0	単調増加，上に凸	$\frac{1}{2}$	単調減少，上に凸	$\frac{\sqrt{3}}{4}$	単調減少，下に凸	0

となります．この表を増減表といいます．

グラフの概形は，図8.1のようになります．

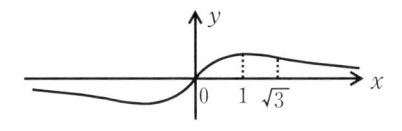

図8.1　グラフの概形

⑤ ある店では，100円で仕入れた商品を x 円で売ると，1日あたり $400-2x$ 個売れるそうです．1日あたりの利益が最大になるのは何円で売るときか求めましょう．

1日あたりの利益を y 円とするとき

$$y = (400-2x)(x-100) = (-2x^2 + 600x - 40000) \text{ 円}$$

となります．ただし利益が出るためには，$100 < x < 200$ である必要があります．y を x で微分すると

$$\frac{dy}{dx} = -4x + 600 = -4(x-150)$$

$$\frac{d^2y}{dx^2} = -4 < 0$$

$\boxed{400 - 2x \geqq 0}$

よって $x = 150$ 円のとき，利益は最大 $y|_{x=150} = 5000$ 円となります．

やってみましょう

① 次の不等式を示しましょう．

$$\log(x + \sqrt{1+x^2}) > x - \frac{x^3}{6} \quad (x > 0)$$

まず，関数

$$f(x) = \log(x + \sqrt{1+x^2}) - \left(x - \frac{x^3}{6}\right)$$

を定めます．$f(0) = 0$ なので，微分して $f(x)$ の増減を調べます．合成関数の微分法より

$$f'(x) = (\log y)'|_{y = x+\sqrt{1+x^2}} (x + \sqrt{1+x^2})' - \left(x - \frac{x^3}{6}\right)'$$

$$= \frac{1}{x + \sqrt{1+x^2}} (1 + (\sqrt{1+x^2})') - \left(1 - \frac{x^2}{2}\right)$$

$$= \frac{1}{x + \sqrt{1+x^2}} (1 + (\sqrt{z})'|_{z=1+x^2}(1+x^2)') - 1 + \frac{x^2}{2}$$

$$= \frac{}{x + \sqrt{1+x^2}} - 1 + \frac{x^2}{2}$$

$$= \phantom{\frac{}{x+\sqrt{1+x^2}}} -1 + \frac{x^2}{2}$$

$f'(0)=0$ なので，もう一度微分して $f'(x)$ の増減を調べます．

$$f''(x)=\left((\quad)^{-\frac{1}{2}}-1+\frac{x^2}{2}\right)'$$

$$=(y^{-\frac{1}{2}})'\Big|_{y=}(\quad)'+x$$

$$=-\frac{1}{2}(\quad)^{-\frac{3}{2}}\cdot(\quad)+x$$

$$=x(1-(\quad)^{-\frac{3}{2}})>0 \quad (x>0)$$

$X>1$ なら $X^{-\frac{3}{2}}=\dfrac{1}{X^{\frac{3}{2}}}<1$

よって $x>0$ において $f''(x)>0$, $f'(x)>0$ がわかり，結局

$$f(x)>0 \quad (x>0)$$

$f'(x)$ が単調増加なので $f'(x)>f'(0)=0$, これより $f(x)$ が単調増加

がわかります．これが示すべき不等式でした．

② 次の関数の極値を調べましょう．

$$y=|x^2+2x-3|$$

絶対値がついているので少し考察が必要です．絶対値の中を

$$f(x)=x^2+2x-3=(x+3)(x-1)$$

とおくと

$$f'(x)=2(\quad), \quad f''(x)=\quad >0$$

より，$f(x)$ は $x=-1$ で最小値 $f(-1)=\quad$ をとり，$f(-3)=f(1)=0$ を満たします．これより，絶対値を考慮すると

y は $x=-1$ で極大値 $y|_{x=-1}=$

y は $x=-3,1$ で極小値 $y|_{x=-3,1}=$

であることがわかります．

③ 次の関数の極値を調べましょう．

$$y=xe^{-x^2}$$

まず微分します．

$$\frac{dy}{dx} = \qquad\qquad\qquad = \qquad\qquad e^{-x^2}$$

$$\frac{d^2y}{dx^2} = \qquad\qquad\qquad\qquad\qquad = 2\left(\qquad\qquad\right)e^{-x^2}$$

よって y の極値は $x = \boxed{}$ のときです．

$$\left.\frac{d^2y}{dx^2}\right|_{} = \mp\qquad\qquad \text{（複号同順）}$$

なので，$x = \boxed{}$ のときは極小値 $\left.y\right|_{} = \qquad\qquad$ をとり，$x = \boxed{}$ のときは極大値 $\left.y\right|_{} = \qquad\qquad$ をとります．

$|x| \to \infty$ のとき $y \to 0$ なので，これら極小値・極大値は，実はそれぞれ最大値・最小値になります．

④ 次の関数の増減，極値，凹凸を調べてグラフの概形を描きましょう．

$$y = \frac{1}{\sqrt{2\pi\sigma^2}} e^{-\frac{(x-m)^2}{2\sigma^2}}$$

ただし $m \in \mathbf{R}$, $\sigma > 0$ は定数です．この関数は，m を平均，σ を標準偏差とする正規分布曲線といいます．

関数の増減，極値，凹凸を調べるため，2 階導関数までを計算します．

$$\frac{dy}{dx} = \qquad\qquad e^{-\frac{(x-m)^2}{2\sigma^2}}$$

$$\frac{d^2y}{dx^2} = \frac{1}{\sqrt{2\pi}\,\sigma^5}\left(\qquad\qquad\qquad\right)e^{-\frac{(x-m)^2}{2\sigma^2}}$$

$x \to \pm\infty$ のとき $y \to \boxed{}$

$x = \boxed{}$ で極大値 $y = \boxed{}$．これは最大値となります．

$-\infty < x <$ ___ で y は単調増加, ___ $< x < \infty$ で y は単調減少です. $-\infty < x <$ ___, ___ $< x < \infty$ で y は下に凸です. ___ $< x <$ ___ で y は上に凸です. $x = m$ に関して y は対称です.

これより増減表は表 8.2 のようになり, グラフの概形は図 8.2 (p.55) のようになります.

表 8.2 正規分布曲線の増減表

x	$-\infty$		$m-\sigma$		m		$m+\sigma$		$+\infty$
$\dfrac{dy}{dx}$		$+$	$+$	$+$	0	$-$	$-$	$-$	
$\dfrac{d^2y}{dx^2}$		$+$	0	$-$	$-$	$-$	0	$+$	
y	0	単調増加, 下に凸	$\dfrac{1}{\sqrt{2\pi e \sigma^2}}$	単調増加, 上に凸	$\dfrac{1}{\sqrt{2\pi \sigma^2}}$	単調減少, 上に凸	$\dfrac{1}{\sqrt{2\pi e \sigma^2}}$	単調減少, 下に凸	0

⑤ ある水棲動物が移動するときの毎分の疲労は, 速さの 2 乗に比例するとします. 流速が V_0 (>0) の川を一定距離 L だけこの動物がさかのぼろうとしています. 最も疲労をためない移動速度を求めましょう.

動物の移動速度を V とします. $V > V_0$ と仮定します. 川を距離 L だけさかのぼるのに要する時間は

$$ 分$$

です. この間の疲労 $f(V)$ は, 比例定数を $a(>0)$ とすると

$$f(V) = \cdot a = aL $$

となります. $f(V)$ の $V > V_0$ における極小値を求めるのがここでの問題です. 微分すると

$$f'(V) = = aL \frac{()}{(V-V_0)^2}$$

$$f''(V) = aL $$

すなわち $f'() = 0$, $f''() > 0$ なので, 求める移動速度は ___ となります.

練習問題

① 次の不等式を示してください．

(1) $\cos x > 1 - \dfrac{x^2}{2}$ $(x>0)$ (2) $\cos x + \sin x > x - x^2$ $(x>0)$

(3) $e^x > 1 + x + \dfrac{x^2}{2}$ $(x>0)$ (4) $\log(1+x) > \dfrac{x}{1+x}$ $(x>0)$

② 次の関数の極値を求めてください．

(1) $y = x^4 - 2x^2 + 1$ (2) $y = |x^3 - 3x + 2|$

(3) $y = \dfrac{1}{\sqrt{x^2 - 4x + 5}}$ (4) $y = \dfrac{2x}{x^2 + 1}$

(5) $y = x^2 e^{-x}$ (6) $y = x^2 \log(1+x)$

(7) $y = \dfrac{\log x}{x}$ (8) $y = e^{-x} \sin x$ (9) $\dfrac{x}{(x+1)^2}$

(10) $\left(\dfrac{1}{x}\right)^{\log x}$

答え

やってみましょうの答え

① $f'(x) = \dfrac{\boxed{1 + \dfrac{x}{\sqrt{1+x^2}}}}{x + \sqrt{1+x^2}} - 1 + \dfrac{x^2}{2} = \boxed{\dfrac{1}{\sqrt{1+x^2}}} - 1 + \dfrac{x^2}{2}$

$f''(x) = \left((\boxed{1+x^2})^{-\frac{1}{2}} - 1 + \dfrac{x^2}{2}\right)'$

$= (y^{-\frac{1}{2}})'\Big|_{y=\boxed{1+x^2}} (\boxed{1+x^2})' + x$

$= -\dfrac{1}{2}(\boxed{1+x^2})^{-\frac{3}{2}} \cdot (\boxed{2x}) + x$

$= x(1 - (\boxed{1+x^2})^{-\frac{3}{2}})$

② $f'(x) = 2(\boxed{x+1})$, $f''(x) = \boxed{2} > 0$

$f(-1) = \boxed{-4}$, $y|_{x=-1} = \boxed{4}$, $y|_{x=-3,1} = \boxed{0}$

③ $y = x e^{-x^2}$

$\dfrac{dy}{dx} = \boxed{e^{-x^2} - 2x^2 e^{-x^2}} = \boxed{(1 - 2x^2)} e^{-x^2}$

$$\frac{d^2y}{dx^2} = \boxed{-4xe^{-x^2} - 2x(1-2x^2)e^{-x^2}}$$
$$= 2\boxed{x}(\boxed{2x^2-3})e^{-x^2}$$

よって y の極値は $x = \boxed{\pm\dfrac{1}{\sqrt{2}}}$ のときです．

$$\left.\frac{d^2y}{dx^2}\right|_{x=\pm\frac{1}{\sqrt{2}}} = \boxed{\mp 2\sqrt{2}e^{-\frac{1}{2}}}$$

なので，$x = \boxed{-\dfrac{1}{\sqrt{2}}}$ で極小値 $y\big|_{x=-\frac{1}{\sqrt{2}}} = \boxed{-\dfrac{1}{\sqrt{2}}e^{-\frac{1}{2}}}$ をとり，

$x = \boxed{\dfrac{1}{\sqrt{2}}}$ のときは極大値 $y\big|_{x=\frac{1}{\sqrt{2}}} = \boxed{\dfrac{1}{\sqrt{2}}e^{-\frac{1}{2}}}$ をとります．

④ $\dfrac{dy}{dx} = \boxed{-\dfrac{x-m}{\sqrt{2\pi}\,\sigma^3}}e^{-\frac{(x-m)^2}{2\sigma^2}}$

$\dfrac{d^2y}{dx^2} = \dfrac{1}{\sqrt{2\pi}\,\sigma^5}\big(\boxed{-\sigma^2 + (x-m)^2}\big)e^{-\frac{(x-m)^2}{2\sigma^2}}$

$x \to \pm\infty$ のとき，$y \to \boxed{0}$

$x = \boxed{m}$ で極大値 $y = \boxed{\dfrac{1}{\sqrt{2\pi\sigma^2}}}$

$-\infty < x < \boxed{m}$ で，y は単調増加

$\boxed{m} < x < \infty$ で，y は単調減少

$-\infty < x < \boxed{m-\sigma}$，$\boxed{m+\sigma} < x < \infty$ で y は下に凸

$\boxed{m-\sigma} < x < \boxed{m+\sigma}$ で y は上に凸

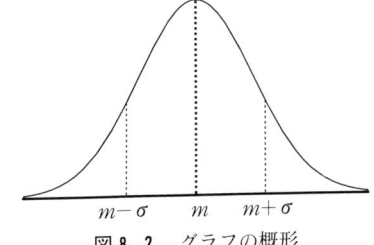

図 8.2 グラフの概形

⑤ 川を L だけさかのぼるのに要する時間 $\boxed{\dfrac{L}{V-V_0}}$ 分です．

この間の疲労 $f(V)$ は，比例定数を $a(>0)$ とすると，

$f(V) = \boxed{\dfrac{L}{V-V_0}}\,a\,\boxed{V^2} = aL\,\boxed{\dfrac{V^2}{V-V_0}}$

$f'(V) = aL\left(\boxed{\dfrac{2V}{V-V_0} - \dfrac{V^2}{(V-V_0)^2}}\right) = aL\,\dfrac{\boxed{V}\big(\boxed{V-2V_0}\big)}{(V-V_0)^2}$

$f''(V) = aL\,\boxed{\dfrac{2V_0^2}{(V-V_0)^3}}$

$f'(\boxed{2V_0}) = 0$，$f''(\boxed{2V_0}) > 0$ なので，求める移動速度は $\boxed{2V_0}$ となります．

練習問題の答え

① (1) $f(x)=\cos x-\left(1-\dfrac{x^2}{2}\right)$ とおく．$f'(x)=-\sin x+x$，$f''(x)=-\cos x+1\geqq 0$．
$f(0)=f'(0)=0$ なので $f(x)\geqq 0\ (x\geqq 0)$．

(2) $f(x)=\cos x+\sin x-(x-x^2)$ とおく．$f'(x)=-\sin x+\cos x-1+2x$．
$f''(x)=-\cos x+\sin x+2=-\sqrt{2}\sin\left(x+\dfrac{\pi}{4}\right)+2>0$．$f(0)=1, f'(0)=0$ なので $f(x)>0\ (x\geqq 0)$．

(3) $f(x)=e^x-\left(1+x+\dfrac{x^2}{2}\right)$ とおく．$f'(x)=e^x-1-x$，$f''(x)=e^x-1\geqq 0\ (x\geqq 0)$．
$f(0)=f'(0)=0$ なので $f(x)\geqq 0\ (x\geqq 0)$．

(4) $f(x)=(1+x)\log(1+x)-x$ とおく．$f'(x)=\log(1+x)>0\ (x>0)$．
$f(0)=0$ なので $f(x)>0\ (x>0)$．

② (1) $x=0$ のとき極大値 1，$x=\pm 1$ のとき極小値 0．

(2) $x=-1$ のとき極大値 4，$x=-2, 1$ のとき極小値 0．

(3) $x=2$ のとき極大値 1．

(4) $x=-1$ のとき極小値 -1，$x=1$ のとき極大値 1．

(5) $x=0$ のとき極小値 0，$x=2$ のとき極大値 $4e^{-2}$．

(6) $x>-1$ において単調増加．極値なし．

(7) $x=e$ のとき極大値 e^{-1}．

(8) $x=\dfrac{\pi}{4}+2n\pi$ のとき極大値 $\dfrac{\sqrt{2}}{2}e^{-\frac{\pi}{4}-2n\pi}$，$x=-\dfrac{3\pi}{4}+2n\pi$ のとき極小値 $-\dfrac{\sqrt{2}}{2}e^{-\frac{3\pi}{4}-2n\pi}$．

(9) $x=1$ のとき極大値 $\dfrac{1}{4}$．

(10) $x=1$ のとき極大値 1．$\left(\left(\dfrac{1}{x}\right)^{\log x}=e^{-(\log x)^2}\right.$ に注意する．$\left.\left(\left(\dfrac{1}{x}\right)^{\log x}\right)'=-\dfrac{2}{x}\log x\cdot e^{-(\log x)^2}\right)$

9 積分とその応用—その1

積分は，素朴には微分の逆演算として定められます．その一方で，面積や体積を数学的に定義する方向からも定められます．この場合には，微分積分学の基本定理により，微分や先の素朴な積分の定義と結びつけられます．この章では，これら積分の基礎的な事項を練習します．

定義と公式

原始関数

関数 $f(x)$ に対して $F'(x)=f(x)$ となる関数 $F(x)$ を，$f(x)$ の原始関数といい，$F(x)=\int f(x)\,dx$ などと表します．原始関数には定数 C の不定性があり，この C を積分定数と呼びます．また $\int f(x)\,dx$ を，$f(x)$ の不定積分ともいいます．

$$\frac{d}{dx}\int f(x)\,dx = f(x), \quad \int \frac{dF(x)}{dx}\,dx = F(x)+C$$

$$\int (\alpha f(x)+\beta g(x))\,dx = \alpha \int f(x)\,dx + \beta \int g(x)\,dx \quad (\alpha,\ \beta \in \boldsymbol{R})$$

初等関数の原始関数

$$\int x^a\,dx = \frac{1}{a+1}x^{a+1}+C \quad (a\in \boldsymbol{R},\ a\neq -1)$$

$$\int e^x\,dx = e^x+C, \quad \int \frac{dx}{x} = \log|x|+C$$

$$\int \sin x\,dx = -\cos x+C, \quad \int \cos x\,dx = \sin x+C$$

定積分

閉区間 $[a,\ b]\ (a<b)$ の上の関数 $f(x)$ に対して，リーマン和の極限が存在するとき，定積分

$$\int_a^b f(x)\,dx$$

が定められます．このとき $f(x)$ は $[a,\ b]$ で積分可能といいます．関数 $f(x)$ が $[a,\ b]$ で連続ならば，$[a,\ b]$ で積分可能です

> ここで，リーマン和の極限とは
> $$\lim_{n\to\infty}\sum_{k=1}^n f(a+(b-a)(k/n))((b-a)/n)$$
> $=\int_a^b f(x)\,dx$ のことです．

定積分の性質

$$\int_a^b (\alpha f(x)+\beta g(x))\,dx = \alpha \int_a^b f(x)\,dx + \beta \int_a^b g(x)\,dx \quad (\alpha,\ \beta \in \boldsymbol{R})$$

$$\int_a^b f(x)\,dx = \int_a^c f(x)\,dx + \int_c^b f(x)\,dx$$

$f(x)$ が偶関数，$g(x)$ が奇関数なら，$\int_{-a}^a f(x)\,dx = 2\int_0^a f(x)\,dx$，$\int_{-a}^a g(x) = 0$ です．

$f(x) \leqq g(x)\,(a \leqq x \leqq b)$ ならば
$$\int_a^b f(x)\,dx \leqq \int_a^b g(x)\,dx$$

$\alpha \leqq f(x) \leqq \beta\,(a \leqq x \leqq b)$ ならば
$$\alpha(b-a) \leqq \int_a^b f(x)\,dx \leqq \beta(b-a)$$

曲線 $y=f(x)\,(a \leqq x \leqq b)$（ただし $f(x) \geqq 0$）と x 軸で囲まれた部分の面積は以下の式になります．

$$\int_a^b f(x)\,dx$$

曲線 $y=f(x)$ と曲線 $y=g(x)$ で囲まれた部分の面積 $(a \leqq x \leqq b)$（ただし $f(x) \geqq g(x)$）は
$$\int_a^b (f(x)-g(x))\,dx$$

で表されます．詳しくは，後の 19 章で考えます．

積分の平均値の定理

$f(x)$ が $[a,\,b]$ において連続のとき
$$\int_a^b f(x)\,dx = f(c)(b-a) \quad (a \leqq c \leqq b)$$

を満たす c が少なくとも 1 つ存在します．

微分積分学の基本定理

$f(x)$ が連続のとき
$$\frac{d}{dx}\int_a^x f(s)\,ds = f(x)$$

が成り立ちます．さらに $F(x)$ を，$f(x)$ の任意の原始関数とするとき
$$\int_a^b f(x)\,dx = [F(x)]_a^b = F(b)-F(a)$$

が成り立ちます．

公式の使い方（例）

① 関数 $2x^2+x-3$ の原始関数を求めましょう．

これは，不定積分の性質を用いて各項に分解して計算します．

$$\int (2x^2+x-3)\,dx = 2\int x^2\,dx + \int x\,dx - 3\int dx$$
$$= \frac{2}{3}x^3 + \frac{x^2}{2} - 3x + C$$

となります．定数 C は 1 つだけ書いておけば十分です．

② 関数 $\sin(2x+1)$ を積分しましょう．

$\sin x$ の原始関数は $-\cos x$ ですが，$\sin 2x$ の原始関数は $-\frac{1}{2}\cos 2x$ であることに注意してください．実際，合成関数の微分法より

$$\left(-\frac{1}{2}\cos 2x\right)' = -\frac{1}{2}\cdot(-\sin 2x)\cdot 2 = \sin 2x$$

となるからです．これより

$$\int \sin(2x+1)\,dx = -\frac{1}{2}\cos(2x+1) + C$$

③ 次の定積分を計算しましょう．

$$\int_0^3 (x^3-x-2)\,dx$$

積分の性質を用いて各項に分解して計算します．

$$\int_0^3 (x^3-x-2)\,dx = \int_0^3 x^3\,dx - \int_0^3 x\,dx - 2\int_0^3 dx = \left[\frac{x^4}{4}\right]_0^3 - \left[\frac{x^2}{2}\right]_0^3 - 2[x]_0^3$$
$$= \frac{81}{4} - \frac{9}{2} - 6 = \frac{39}{4}$$

④ 次の定積分を計算しましょう．

$$\int_2^4 \frac{dx}{1+x}$$

関数 $\frac{1}{1+x}$ の原始関数は $\log(1+x)$ であることに注意します．これより

$$\int_2^4 \frac{dx}{1+x} = [\log(1+x)]_2^4 = \log\frac{5}{3}$$

⑤ 関数 $f(x)$ が連続のとき

$$\frac{d}{dx}\int_x^a f(s)\,ds$$

を計算しましょう．

積分の範囲に注意する必要があります．

$$\int_x^a f(s)\,\mathrm{d}s = -\int_a^x f(s)\,\mathrm{d}s$$

なので，これに公式を適用します．

$$\frac{\mathrm{d}}{\mathrm{d}x}\int_x^a f(s)\,\mathrm{d}s = -\frac{\mathrm{d}}{\mathrm{d}x}\int_a^x f(s)\,\mathrm{d}s = -f(x)$$

やってみましょう

① 関数 $\dfrac{1}{\sqrt{x+1}-\sqrt{x}}$ の原始関数を求めましょう．

このまま積分を試みても手が出ません．まず分母を有理化します．

$$\frac{1}{\sqrt{x+1}-\sqrt{x}} = \frac{\sqrt{x+1}+\sqrt{x}}{(\sqrt{x+1}-\sqrt{x})(\sqrt{x+1}+\sqrt{x})}$$

$$= \frac{}{()^2 - ()^2} = $$

これで積分できます．実行すると

$$\int \frac{\mathrm{d}x}{\sqrt{x+1}-\sqrt{x}} = \int \mathrm{d}x + \int \mathrm{d}x$$

$$= \int \mathrm{d}x + \int \mathrm{d}x$$

$$= + C$$

となります．

② 関数 $\dfrac{1}{x^2-1}$ を積分しましょう．

これもそのまま計算しても手が出ません．まず

$$\frac{1}{x^2-1} = \frac{1}{2}\left(\frac{1}{x-1} - \frac{1}{x+1}\right)$$

と部分分数分解します．右辺の各項を積分すると

$$\int \frac{\mathrm{d}x}{x^2-1} = \frac{1}{2}\int \frac{\mathrm{d}x}{x-1} - \frac{1}{2}\int \frac{\mathrm{d}x}{x+1}$$

$$= \frac{1}{2}\log|x-1| - \frac{1}{2}\log|x+1| + C$$

$$= \frac{1}{2}\log\left|\frac{x-1}{x+1}\right| + C$$

となります．この結果は公式として覚えておいても損にはなりません．

③ 次の定積分を計算しましょう．

$$\int_0^\pi |\cos x|\,\mathrm{d}x$$

絶対値がついているので，積分範囲における被積分関数の符号に注意します．

$$|\cos x| = \begin{cases} \cos x & 0 \leq x \leq \dfrac{\pi}{2} \\ -\cos x & \dfrac{\pi}{2} \leq x \leq \pi \end{cases}$$

これより

$$\int_0^\pi |\cos x|\,\mathrm{d}x = \int_0^{\frac{\pi}{2}} \cos x \,\mathrm{d}x + \int_{\frac{\pi}{2}}^\pi (-\cos x) \,\mathrm{d}x$$

$$= \Big[\sin x\Big]_0^{\frac{\pi}{2}} - \Big[\sin x\Big]_{\frac{\pi}{2}}^\pi = 2$$

となります．

④ 次の定積分を計算しましょう．

$$\int_1^2 5^{-x}\,\mathrm{d}x$$

一見すると難しそうですが，次の変形に気づくと問題ありません．

$$5^{-x} = \mathrm{e}^{-x\log 5}$$

これより

$$\int_1^2 5^{-x} dx = \int_1^2 e^{-x\log 5} dx = \quad \Big[\quad \Big]_1^2$$

$$= \quad \Big(\quad - \quad \Big)$$

$$= \quad (5^{} - 5^{}) =$$

となります．

⑤ 連続関数 $f(x)$ に対して

$$G(x) = \int_0^x (x-s)f(s) ds$$

と定めます．$G(x)$ の導関数を求めましょう．

$G(x)$ の微分は x に関するものであることに注意する必要があります．

$$\frac{d}{dx} G(x) = \frac{d}{dx} \left(\int_0^x (x-s) f(s) ds \right)$$

$$= \frac{d}{dx} \left(x \int_0^x f(s) ds - \int_0^x s f(s) ds \right)$$

$$= (x)' \int_0^x f(s) ds + x \left(\frac{d}{dx} \int_0^x f(s) ds \right) - \frac{d}{dx} \int_0^x s f(s) ds$$

$$= \qquad\qquad =$$

となります．2つ目の等式では変数 x は積分変数でないことに気をつけてください．

別解として，いきなり次のように計算しても大丈夫です．

$$\frac{d}{dx} G(x) = \left(\frac{d}{dx} \int_0^x (x-s) f(s) ds \right) + \int_0^x \frac{d}{dx} (x-s) f(s) ds$$

$$= (x-s) f(s) \Big| \quad + \int_0^x f(s) ds$$

$$=$$

練習問題

① 次の関数を積分してください．

(1) $x^4 - 2x^3 + 5x$ (2) $(x+3)^3$ (3) $\dfrac{1}{x^5}$ (4) $\dfrac{1}{\cos^2 3x}$ (5) $\dfrac{1}{1+x^2}$ (6) $2e^{2x} + \dfrac{6}{x}$

(7) $\sinh x$ (8) $\cosh^2 x$ (9) $\dfrac{1}{\sqrt{1-x^2}}$ (10) $\tan^2 x$ ($\tan^2 x = \dfrac{1}{\cos^2 x} - 1$ を使う)

(11) $\sin 3x \cos 3x$

② 次の定積分を求めてください．

(1) $\displaystyle\int_0^2 (x-2)\,dx$ (2) $\displaystyle\int_a^b (x-a)(x-b)\,dx$ (3) $\displaystyle\int_1^3 \left(x^3 + \dfrac{1}{x^3}\right)dx$ (4) $\displaystyle\int_0^{\frac{\pi}{2}} \sin^2 x\,dx$

(5) $\displaystyle\int_0^{\frac{\pi}{4}} (\sin x + \cos x)^2\,dx$ (6) $\displaystyle\int_0^1 \dfrac{dx}{1+x^2}$ (7) $\displaystyle\int_{-\frac{1}{\sqrt{2}}}^{\frac{\sqrt{3}}{2}} \dfrac{1}{\sqrt{1-x^2}}\,dx$ (8) $\displaystyle\int_0^1 \sinh x\,dx$

(9) $\displaystyle\int_0^{\frac{\pi}{2}} \cos^2 x\,dx$ （半角の公式を使う）

答え

やってみましょうの答え

① $\dfrac{1}{\sqrt{x+1}-\sqrt{x}} = \dfrac{\boxed{\sqrt{x+1}+\sqrt{x}}}{(\boxed{\sqrt{x+1}})^2 - (\boxed{\sqrt{x}})^2} = \boxed{\sqrt{x+1}+\sqrt{x}}$

$\displaystyle\int \dfrac{dx}{\sqrt{x+1}-\sqrt{x}} = \int \boxed{\sqrt{x+1}}\,dx + \int \boxed{\sqrt{x}}\,dx = \int (x+1)^{\boxed{\frac{1}{2}}}\,dx + \int x^{\boxed{\frac{1}{2}}}\,dx$

$\qquad = \boxed{\dfrac{2}{3}(x+1)^{\frac{3}{2}} + \dfrac{2}{3}x^{\frac{3}{2}}} + C$

② $\displaystyle\int \dfrac{dx}{x^2-1} = \dfrac{1}{2}\int \dfrac{dx}{\boxed{x-1}} - \dfrac{1}{2}\int \dfrac{dx}{\boxed{x+1}} = \dfrac{1}{2}\boxed{\log|x-1|} - \dfrac{1}{2}\boxed{\log|x+1|} + C$

$\qquad = \dfrac{1}{2}\boxed{\log\left|\dfrac{x-1}{x+1}\right|} + C$

③ $\displaystyle\int_0^\pi |\cos x|\,dx = \int_0^{\frac{\pi}{2}} \boxed{\cos x}\,dx + \int_{\frac{\pi}{2}}^\pi \boxed{(-\cos x)}\,dx$

$\qquad = \Big[\boxed{\sin x}\Big]_0^{\frac{\pi}{2}} - \Big[\boxed{\sin x}\Big]_{\frac{\pi}{2}}^\pi = \boxed{2}$

④ $\displaystyle\int_1^2 5^{-x}dx = \boxed{-\dfrac{1}{\log 5}}\Bigl[\boxed{e^{-x\log 5}}\Bigr]_1^2 = \boxed{-\dfrac{1}{\log 5}}\bigl(\boxed{e^{-2\log 5}}-e^{-\log 5}\bigr)$

$\qquad\qquad = \boxed{-\dfrac{1}{\log 5}}(5^{\boxed{-2}}-5^{\boxed{-1}}) = \boxed{\dfrac{4}{25\log 5}}$

⑤ $\dfrac{d}{dx}G(x) = \boxed{\displaystyle\int_0^x f(s)\,ds + xf(x) - xf(x)} = \boxed{\displaystyle\int_0^x f(s)\,ds}$

$\dfrac{d}{dx}G(x) = (x-s)f(s)\Big|_{\boxed{s=x}} + \displaystyle\int_0^x f(s)\,ds = \boxed{\displaystyle\int_0^x f(s)\,ds}$

練習問題の答え

① 以下 C は積分定数を表します．

(1) $\dfrac{x^5}{5}-\dfrac{x^4}{2}+\dfrac{5x^2}{2}+C$ (2) $\dfrac{1}{4}(x+3)^4+C$ (3) $-\dfrac{1}{4x^4}+C$ (4) $\dfrac{1}{3}\tan 3x+C$

(5) $\tan^{-1}x+C$ (6) $e^{2x}+6\log|x|+C$ (7) $\cosh x+C$ (8) $\dfrac{1}{4}\sinh 2x+\dfrac{x}{2}+C$

(9) $\sin^{-1}x+C$ (10) $\tan x-x+C$ (11) $\dfrac{-1}{12}\cos 6x+C$

② (1) -2 (2) $-\dfrac{1}{6}(b-a)^3$ (3) $\dfrac{184}{9}$ (4) $\dfrac{\pi}{4}$ (5) $\dfrac{\pi}{4}+\dfrac{1}{2}$

(6) $\dfrac{\pi}{4}$ (7) $\dfrac{7\pi}{12}$ $\left(\bigl[\sin^{-1}x\bigr]_{-\frac{1}{\sqrt{2}}}^{\frac{\sqrt{3}}{2}}=\dfrac{\pi}{3}+\dfrac{\pi}{4}\right)$ (8) $\cosh 1 - 1 = \dfrac{(e-1)^2}{2e}$

(9) $\dfrac{\pi}{4}$ $\left(\cos^2 x = \dfrac{\cos 2x+1}{2}\right)$

10 積分とその応用—その2

微分と異なり，積分では計算できない場合があります．たとえば，$\int e^{x^2} dx$, $\int \frac{dx}{\log x}$, $\int \sin(x^2) dx$, $\int \frac{\log x}{1+x} dx$, $\int \frac{e^x}{x} dx$ などです．このときは数値計算に頼る必要が出てきます．一方，計算可能な場合の手法は大きく2つあります．置換積分法と部分積分法です．ここでは，これらの手法を十分に練習しましょう．

定義と公式

置換積分法

$x = \psi(s)$ は微分可能とします．

$$\int f(x) dx = \int f(\psi(s)) \psi'(s) ds = \int f(x) \frac{dx}{ds} ds$$

が成り立ちます．右辺から左辺への変形を利用する場合も多いです．

$a = \psi(\alpha)$, $b = \psi(\beta)$ のときには

$$\int_a^b f(x) dx = \int_\alpha^\beta f(\psi(s)) \psi'(s) ds$$

が成り立ちます．

$$\int \frac{f'(x)}{f(x)} dx = \log|f(x)| + C, \quad \int \tan x \, dx = -\log|\cos x| + C.$$

部分積分法

$f(x)$, $g(x)$ は微分可能とします．

$$\int f(x) g'(x) dx = f(x) g(x) - \int f'(x) g(x) dx$$

$$\int_a^b f(x) g'(x) dx = \Big[f(x) g(x) \Big]_a^b - \int_a^b f'(x) g(x) dx$$

が成り立ちます．

公式の使い方（例）

① 関数 $\dfrac{x}{x^2-1}$ を積分しましょう．

部分分数展開を用いても積分できますが，置換積分法を用いると簡単です．

$$x = \frac{1}{2}(x^2-1)'$$

に注意すると，公式より

$$\int \frac{x}{x^2-1}\,\mathrm{d}x = \frac{1}{2}\int \frac{(x^2-1)'}{x^2-1}\,\mathrm{d}x = \frac{1}{2}\log|x^2-1| + C.$$

② 次の定積分を計算しましょう．

$$\int_0^2 x\mathrm{e}^{-x^2}\,\mathrm{d}x.$$

置換積分法の公式において $s = \phi(x) = x^2$ と考えます．公式を右辺から左辺へと用いて

$$\int_0^2 x\mathrm{e}^{-x^2}\,\mathrm{d}x = \int_0^2 \frac{1}{2}(x^2)'\mathrm{e}^{-x^2}\,\mathrm{d}x = \int_0^2 \frac{1}{2}\phi'(x)\mathrm{e}^{-\phi(x)}\,\mathrm{d}x$$

$$= \int_0^4 \frac{1}{2}\mathrm{e}^{-s}\,\mathrm{d}s = -\frac{1}{2}\Big[\mathrm{e}^{-s}\Big]_0^4$$

$$= \frac{1}{2}(1-\mathrm{e}^{-4}).$$

上の計算では，積分範囲の変換のときに $\phi(0)=0$，$\phi(2)=4$ であることを用いました．

③ 関数 $x\sin x$ を積分しましょう．

部分積分法の公式を

$$f(x) = x, \quad g'(x) = \sin x,$$

すなわち $g(x) = -\cos x$ として適用します．

$$\int x\sin x\,\mathrm{d}x = \int x(-\cos x)'\,\mathrm{d}x = -x\cos x + \int (x)'\cos x\,\mathrm{d}x$$

$$= -x\cos x + \int \cos x\,\mathrm{d}x = -x\cos x + \sin x + C.$$

④ 次の定積分を計算しましょう．

$$\int_1^2 x \log x \, dx.$$

部分積分法の公式を

$$f(x) = \log x, \quad g'(x) = x,$$

すなわち $g(x) = \frac{1}{2}x^2$ として適用します．

$$\begin{aligned}
\int_1^2 x \log x \, dx &= \int_1^2 \left(\frac{1}{2}x^2\right)' \log x \, dx \\
&= \frac{1}{2}\left[x^2 \log x\right]_1^2 - \frac{1}{2}\int_1^2 x^2 (\log x)' \, dx \\
&= 2\log 2 - \frac{1}{2}\int_1^2 x^2 \cdot \frac{1}{x} \, dx \\
&= 2\log 2 - \frac{1}{2}\left[\frac{x^2}{2}\right]_1^2 = 2\log 2 - \frac{1}{4}(4-1) \\
&= 2\log 2 - \frac{3}{4}.
\end{aligned}$$

やってみましょう

① 関数 $\sin^3 x \cos x$ を積分しましょう．

置換積分法を用います．

$$\cos x = (\sin x)'$$

に注意すると，$\psi(x) = \sin x$ と考えれば公式を適用できます．

$$\begin{aligned}
\int \sin^3 x \cos x \, dx &= \int \sin^3 x \, (\qquad)' \, dx \\
&= \int (\psi(x))^3 \psi'(x) \, dx = \qquad + C \\
&= \qquad + C
\end{aligned}$$

となります．

② 次の等式を示しましょう．
$$\int_0^{\frac{\pi}{2}} f(\sin x)\,dx = \int_0^{\frac{\pi}{2}} f(\cos x)\,dx$$
置換積分法を用います．
$$x = \frac{\pi}{2} - s$$
とします．

$x=0$ のとき $s=\boxed{}$

$x=\frac{\pi}{2}$ のとき $s=\boxed{}$

$\dfrac{dx}{ds} = -1$

に注意して計算すると
$$\int_0^{\frac{\pi}{2}} f(\sin x)\,dx = \int_{\frac{\pi}{2}}^0 f\left(\sin\left(\frac{\pi}{2}-s\right)\right)\frac{dx}{ds}\,ds$$
$$= \int_{\frac{\pi}{2}}^0 \boxed{}\,ds = \int_0^{\frac{\pi}{2}} \boxed{}\,ds$$
$$= \int_0^{\frac{\pi}{2}} \boxed{}\,dx$$

となります．

③ 関数 $e^{-x}\cos x$ を積分しましょう．

部分積分法を続けて適用します．
$$\int e^{-x}\cos x\,dx = \int e^{-x}(\sin x)'\,dx$$
$$= \boxed{} - \int \left(\boxed{}\right)' \boxed{}\,dx$$
$$= \boxed{} + \int e^{-x}\left(\boxed{}\right)'\,dx$$
$$= \boxed{} + \boxed{} - \int (e^{-x})'(-\cos x)\,dx$$
$$= e^{-x}\boxed{} - \int (e^{-x})'(-\cos x)\,dx$$

$$=\mathrm{e}^{-x}\qquad\qquad-\int\qquad\qquad\mathrm{d}x$$

となります．右辺の $\int\qquad\mathrm{d}x$ を左辺に移項してまとめると，結局

$$\int\mathrm{e}^{-x}\cos x\,\mathrm{d}x=\frac{\mathrm{e}^{-x}}{2}\qquad\qquad+C$$

となります．積分定数 C がつくことを忘れないでください．

④ 次の定積分を計算しましょう．

$$\int_2^3\log x\,\mathrm{d}x$$

一見手がかりがなさそうですが，$1=(x)'$ に気づくと部分積分法が適用できます．

$$\int_2^3\log x\,\mathrm{d}x=\int_2^3(x)'\log x\,\mathrm{d}x=$$

$$=\qquad-\qquad-\int_2^3 x\cdot\qquad\mathrm{d}x=\qquad-\qquad-\Bigl[\qquad\Bigr]_2^3$$

$$=$$

となります．

⑤ 次の定積分を計算しましょう．

$$\int_0^{\frac{\pi}{2}}\sin^5 x\,\mathrm{d}x.$$

いくつかの方法がありますが，次の形で部分積分法を用いてみましょう．

$$\int_0^{\frac{\pi}{2}}\sin^5 x\,\mathrm{d}x=\int_0^{\frac{\pi}{2}}\sin^4 x\,(\qquad)'\mathrm{d}x$$

$$=$$

$$=4\int_0^{\frac{\pi}{2}}\qquad\cos x\,\mathrm{d}x=4\int_0^{\frac{\pi}{2}}\qquad(1-\sin^2 x)\,\mathrm{d}x$$

$$=-4\int_0^{\frac{\pi}{2}}\qquad\mathrm{d}x+4\int_0^{\frac{\pi}{2}}\qquad\mathrm{d}x,\qquad\boxed{\cos^2 x=1-\sin^2 x}$$

すなわち $\int_0^{\frac{\pi}{2}} \sin^5 x\, dx$ をまとめると

$$\int_0^{\frac{\pi}{2}} \sin^5 x\, dx = \quad \int_0^{\frac{\pi}{2}} \sin^3 x\, dx$$

となります．右辺の $\int_0^{\frac{\pi}{2}} \sin^3 x\, dx$ も上と同様に計算できますが，別方法として

$$\int_0^{\frac{\pi}{2}} \sin^3 x\, dx = \int_0^{\frac{\pi}{2}} \sin x (1-\cos^2 x)\, dx$$
$$= \int_0^{\frac{\pi}{2}} \sin x\, dx - \int_0^{\frac{\pi}{2}} (-\cos x)' \cos^2 x\, dx$$
$$= \Big[\quad\Big]_0^{\frac{\pi}{2}} + \frac{1}{3}\Big[\quad\Big]_0^{\frac{\pi}{2}} = \quad - \quad =$$

として計算できます．最後の変形の後半は置換積分法を用いました．まとめると結局

$$\int_0^{\frac{\pi}{2}} \sin^5 x\, dx = \quad \int_0^{\frac{\pi}{2}} \sin^3 x\, dx = \quad .$$

となります．
一般には

$$\int_0^{\frac{\pi}{2}} \sin^n x\, dx = \int_0^{\frac{\pi}{2}} \cos^n x\, dx$$
$$= \begin{cases} \dfrac{(n-1)(n-3)\cdots 3\cdot 1}{n(n-2)\cdots 4\cdot 2}\cdot\dfrac{\pi}{2} & (n\geq 2,\ 偶数) \\ \dfrac{(n-1)(n-3)\cdots 4\cdot 2}{n(n-2)\cdots 3\cdot 1} & (n\geq 3,\ 奇数) \end{cases}$$

が成り立ちます．後の第20章でのベータ関数の表現公式も参考にしてください．

練習問題

① 次の関数を積分してください．

(1) $(1+x)^5$ (2) $(2x+1)^8$ (3) $(2x^5+x^2)(x^6+x^3+1)^{100}$

(4) $\dfrac{x^6}{1+2x^7}$ (5) $\dfrac{e^x}{e^x+2}$ (6) $x^2 \cos 2x$

(7) $\log^2 x$ (8) $\left(\dfrac{1}{(1+\tan x)\cos x}\right)^2$ (9) $\dfrac{1}{1+\sin x}\left(=\dfrac{1-\sin x}{1-\sin^2 x}\right)$

(10) $\dfrac{\log x}{x}$ (11) $\sqrt{1-\cos x}$ （半角の公式）

(12) $\dfrac{x^2-4}{x^3-3x^2-x+3}$ （部分分数分解） (13) $\dfrac{x-4}{x^2(x+1)}$

(14) $\dfrac{1}{x(x^2+4)}$ (15) $\dfrac{1}{1+\mathrm{e}^x}$ （$u=\mathrm{e}^x$ とおく）

(16) $\dfrac{1}{\sqrt[3]{x}-x}$ （$u=x^{\frac{1}{3}}$ とおく）

(17) $\dfrac{\sin\sqrt{x}}{\sqrt{x}}$ (18) $\tanh x$

(19) $\dfrac{1}{1+x+x^2}$ （$x^2+x+1=\dfrac{3}{4}+(x+\dfrac{1}{2})^2$ となり，$u=\dfrac{x+\dfrac{1}{2}}{\dfrac{\sqrt{3}}{2}}$ とおく）

(20) a は定数として $\dfrac{1}{\sqrt{a^2+x^2}}$ （$x=a\sinh t$ とおく） (21) $\sqrt{a^2+x^2}$

(22) $\dfrac{1}{x^3(x+1)}$ （$\dfrac{a}{x}+\dfrac{b}{x^2}+\dfrac{c}{x^3}+\dfrac{d}{x+1}$ とおく） (23) $\dfrac{1}{x\sqrt{x-1}}$ （$u=\sqrt{x-1}$ とおく）

(24) $\dfrac{1}{\sqrt{x}+\sqrt[4]{x}}$ （$u=\sqrt[4]{x}$） (25) $\dfrac{1}{\sin^2 x+4\cos^2 x}$ （$u=\tan x$）

② 次の定積分を求めてください．

(1) $\displaystyle\int_0^1 (5x+2)^{\frac{5}{2}}\mathrm{d}x$ (2) $\displaystyle\int_0^2 \dfrac{x}{1+x^2}\mathrm{d}x$ (3) $\displaystyle\int_0^\pi x|\cos x|\mathrm{d}x$

(4) $\displaystyle\int_0^3 x\mathrm{e}^{-x}\mathrm{d}x$ (5) $\displaystyle\int_0^3 x\sqrt{1+x}\,\mathrm{d}x$ （$u=\sqrt{1+x}$）

(6) $\displaystyle\int_0^\mathrm{e} \dfrac{\log x}{(1+x)^2}\mathrm{d}x$ （$-\left(\dfrac{1}{1+x}\right)'=\dfrac{1}{(1+x)^2}$）

(7) $\displaystyle\int_0^{\frac{1}{2}} \sin^{-1}x\,\mathrm{d}x$ （$(x)'=1$）

(8) $\displaystyle\int_0^1 \sqrt{4-x^2}\,\mathrm{d}x$ （$x=2\sin\theta$ とおくか半円を考える）

③ $\dfrac{\mathrm{d}}{\mathrm{d}x}\displaystyle\int_{h(x)}^{g(x)} f(t)\mathrm{d}t$ を計算してください．

④ $I_n=\displaystyle\int_0^{\frac{\pi}{4}} \tan^n x\,\mathrm{d}x$ とおくとき，I_n+I_{n+2}，$\displaystyle\lim_{n\to\infty} I_n$ を求めましょう．

答え

やってみましょうの答え

① $\displaystyle\int \sin^3 x\cos x\,\mathrm{d}x = \int \sin^3 x(\boxed{\sin x})'\mathrm{d}x = \int (\psi(x))^3 \psi'(x)\mathrm{d}x = \boxed{\dfrac{1}{4}\psi(x)^4}+C = \boxed{\dfrac{1}{4}\sin^4 x}+C$

② $x=0$ のとき $s=\boxed{\dfrac{\pi}{2}}$, $x=\dfrac{\pi}{2}$ のとき $s=\boxed{0}$

$$\int_0^{\frac{\pi}{2}} f(\sin x)\,dx = \int_{\frac{\pi}{2}}^0 \boxed{-f(\cos s)}\,ds = \int_0^{\frac{\pi}{2}} \boxed{f(\cos s)}\,ds = \int_0^{\frac{\pi}{2}} \boxed{f(\cos x)}\,dx$$

③ $\displaystyle\int e^{-x}\cos x\,dx = \boxed{e^{-x}\sin x} - \int (\boxed{e^{-x}})' \boxed{\sin x}\,dx = \boxed{e^{-x}\sin x} + \int e^{-x}(-\cos x)'\,dx$

$\qquad = \boxed{e^{-x}\sin x} + \boxed{e^{-x}(-\cos x)} - \int (e^{-x})'(-\cos x)\,dx$

$\qquad = e^{-x}\boxed{(\sin x - \cos x)} - \int (e^{-x})'(-\cos x)\,dx$

$\qquad = e^{-x}\boxed{(\sin x - \cos x)} - \int \boxed{e^{-x}\cos x}\,dx$

右辺の $\displaystyle\int \boxed{e^{-x}\cos x}\,dx$ を左辺に移項してまとめると,結局

$$\int e^{-x}\cos x\,dx = \dfrac{e^{-x}}{2}\boxed{(\sin x - \cos x)} + C$$

④ $\displaystyle\int_2^3 \log x\,dx = \boxed{\Big[x\log x\Big]_2^3} - \int_2^3 x(\log x)'\,dx$

$\qquad = \boxed{3\log 3} - \boxed{2\log 2} - \int_2^3 x\cdot \boxed{\dfrac{1}{2}}\,dx = \boxed{3\log 3} - \boxed{2\log 2} - \Big[\boxed{x}\Big]_2^3$

$\qquad = \boxed{3\log 3 - 2\log 2 - 1}$

⑤ $\displaystyle\int_0^{\frac{\pi}{2}} \sin^5 x\,dx = \int_0^{\frac{\pi}{2}} \sin^4 x(\boxed{-\cos x})'\,dx = \boxed{\Big[\sin^4 x(-\cos x)\Big]_0^{\frac{\pi}{2}} - \int_0^{\frac{\pi}{2}} \sin^4 x'(-\cos x)\,dx}$

$\qquad = 4\int_0^{\frac{\pi}{2}} \boxed{\sin^3 x \cos x}\cos x\,dx = 4\int_0^{\frac{\pi}{2}} \boxed{\sin^3 x}(1-\sin^2 x)\,dx$

$\qquad = -4\int_0^{\frac{\pi}{2}} \boxed{\sin^5 x}\,dx + 4\int_0^{\frac{\pi}{2}} \boxed{\sin^3 x}\,dx$

$\displaystyle\int_0^{\frac{\pi}{2}} \sin^5 x\,dx = \boxed{\dfrac{4}{5}}\int_0^{\frac{\pi}{2}} \sin^3 x\,dx$

$\displaystyle\int_0^{\frac{\pi}{2}} \sin^3 x\,dx = \Big[\boxed{-\sin x}\Big]_0^{\frac{\pi}{2}} + \dfrac{1}{3}\Big[\boxed{\cos^3 x}\Big]_0^{\frac{\pi}{2}} = \boxed{1} - \boxed{\dfrac{1}{3}} = \boxed{\dfrac{2}{3}}$

$\displaystyle\int_0^{\frac{\pi}{2}} \sin^5 x\,dx = \boxed{\dfrac{4}{5}}\int_0^{\frac{\pi}{2}} \sin^3 x\,dx = \boxed{\dfrac{4}{5}}\cdot \boxed{\dfrac{2}{3}}$

練習問題の答え

① 以下 C は積分定数を表します.

(1) $\dfrac{1}{6}(1+x)^6 + C$ (2) $\dfrac{1}{18}(2x+1)^9 + C$

(3) $\dfrac{1}{303}(x^6+x^3+1)^{101}+C$ (4) $\dfrac{1}{14}\log(1+2x^7)+C$

(5) $\log(e^x+2)+C$ (6) $\dfrac{2x^2-1}{4}\sin 2x+\dfrac{x}{2}\cos 2x+C$

(7) $x\log^2 x-2x\log x+2x+C$ (8) $-\dfrac{1}{1+\tan x}+C$

(9) $\dfrac{-1+\sin x}{\cos x}+C$ (10) $\dfrac{1}{2}(\log x)^2+C$ (11) $-2\sqrt{2}\cos\dfrac{x}{2}+C$

(12) $\displaystyle\int\left(\dfrac{-3}{8(x+1)}+\dfrac{3}{4(x-1)}+\dfrac{5}{8(x-3)}\right)dx$
$=\log\left|(x-1)^{\frac{3}{4}}(x-3)^{\frac{5}{8}}(x+1)^{-\frac{3}{8}}\right|+C$

(13) $\displaystyle\int\left(-\dfrac{4}{x^2}+\dfrac{5}{x}-\dfrac{5}{x+1}\right)dx=\dfrac{4}{x}+5\log\left|\dfrac{x}{x+1}\right|+C$

(14) $\displaystyle\int\left(-\dfrac{x}{4(x^2+4)}+\dfrac{1}{4x}\right)dx=\dfrac{1}{8}\log\dfrac{x^2}{x^2+4}+C$

(15) $x-\log(1+e^x)+C$ (16) $\displaystyle\int\dfrac{3u\,du}{1-u^2}=-\dfrac{3}{2}\log\left|1-x^{\frac{2}{3}}\right|+C$

(17) $-2\cos\sqrt{x}+C$ (18) $\log\cosh x+C$

(19) $\dfrac{2\sqrt{3}}{3}\displaystyle\int\dfrac{du}{1+u^2}=\dfrac{2\sqrt{3}}{3}\tan^{-1}\left(\dfrac{2\sqrt{3}}{3}\left(x+\dfrac{1}{2}\right)\right)+C$ (20) $\sinh^{-1}\left(\dfrac{x}{a}\right)+C$

(21) $\dfrac{x}{2}\sqrt{a^2+x^2}+\dfrac{a^2}{2}\log(x+\sqrt{a^2+x^2})+C$

$\left(\text{たとえば }x=a\sinh t,\ t=\log\dfrac{x+\sqrt{a^2+x^2}}{a}\text{ を用いる}\right)$

(22) $\displaystyle\int\left(\dfrac{1}{x}-\dfrac{1}{x^2}+\dfrac{1}{x^3}-\dfrac{1}{x+1}\right)dx=\log\left|\dfrac{x}{x+1}\right|+\dfrac{1}{x}-\dfrac{1}{2x^2}+C$

(23) $\displaystyle\int\dfrac{2\,du}{u^2+1}=2\tan^{-1}\sqrt{x-1}+C$

(24) $\displaystyle\int\dfrac{4u^3\,du}{u^2+u}=2\sqrt{x}-4\sqrt[4]{x}+4\log(\sqrt[4]{x}+1)+C$

(25) $\displaystyle\int\dfrac{du}{u^2+4}=\dfrac{1}{2}\tan^{-1}\left(\dfrac{1}{2}\tan x\right)+C$

② (1) $\dfrac{2}{35}(7^{\frac{7}{2}}-2^{\frac{7}{2}})$ (2) $\log\sqrt{5}$ (3) π (4) $1-4e^{-3}$

(5) $\displaystyle\int_1^2 2u^2(u^2-1)\,du=\dfrac{116}{15}$

(6) $-\dfrac{1}{1+e}+\displaystyle\int_0^e\dfrac{dx}{(1+x)}=1-\dfrac{1}{1+e}-\log(1+e)$

(7) $\dfrac{\pi}{12}-\displaystyle\int_0^{\frac{1}{2}}\dfrac{x\,dx}{\sqrt{1-x^2}}=\dfrac{\pi}{12}+\dfrac{\sqrt{3}}{2}-1$

(8) $\int_0^{\frac{\pi}{6}} 4\cos^2\theta \, d\theta = \frac{1}{3}\pi + \frac{\sqrt{3}}{2}$

③ $f(g(x))g'(x) - f(h(x))h'(x)$.

$\left(\int f(x)dx = F(x)\ とおくと,\ \int_{h(x)}^{g(x)} f(t)dt = F(g(x)) - F(h(x)).\ F'(x) = f(x)\ と合成関数の微分法を用いる.\right)$

④ $I_n + I_{n+2} = \int_0^{\frac{\pi}{4}} \tan^n x (\tan x)' dx = \frac{1}{n+1}$. また, $0 \leqq I_{n+1} \leqq I_n$ に注意して,

$\lim_{n\to\infty} I_n = \frac{1}{2}\lim_{n\to\infty}(I_n + I_{n+2}) = 0$.

11 積分とその応用—その3

関数が有界でない場合や，積分範囲が無限区間である場合の積分を総称して，広義積分といいます．応用上重要な多くの積分が属しています．ここでは，この広義積分について基本的な事項を練習します．

定義と公式

広義積分は極限操作により定義されます．たとえば関数 $f(x)$ が半区間 $[a, \infty)$ で連続とします．任意の $a < b < \infty$ に対して $f(x)$ は閉区間 $[a, b]$ で積分可能です．そこで

$$\lim_{b \to \infty} \int_a^b f(x) \, dx$$

が存在するとき，関数 $f(x)$ の広義積分は収束するといい

$$\int_a^\infty f(x) \, dx$$

と表します．収束しないとき，広義積分は発散するといいます．

$$\int_0^1 \frac{dx}{x^\alpha} = \begin{cases} \dfrac{1}{1-\alpha} & (0 < \alpha < 1) \\ \infty & (\alpha \geq 1) \end{cases}$$

$$\int_1^\infty \frac{dx}{x^\alpha} = \begin{cases} \dfrac{1}{\alpha-1} & (\alpha > 1) \\ \infty & (\alpha \leq 1) \end{cases}$$

広義積分の判定条件

関数 $f(x)$ は区間 $[a, b)$ で連続とします．

$$|f(x)| \leq \frac{C_1}{(b-x)^\alpha} \quad (a \leq x < b)$$

を満たす定数 $0 < \alpha < 1$，$C_1 > 0$ が存在するならば，広義積分

$$\int_a^b f(x) \, dx = \lim_{\delta \to 0, \delta > 0} \int_a^{b-\delta} f(x) \, dx$$

は収束します.

$$f(x) \geq \frac{C_2}{(b-x)^\alpha} \text{ または } f(x) \leq -\frac{C_2}{(b-x)^\alpha} \quad (a \leq x < b)$$

を満たす定数 $\alpha \geq 1$, $C_2 > 0$ が存在するならば,広義積分は発散します.

同様に,関数 $f(x)$ は区間 $[a, \infty)$ で連続とします.

$$|f(x)| \leq \frac{C_3}{x^\alpha} \quad (a \leq x < \infty)$$

を満たす定数 $\alpha > 1$, $C_3 > 0$ が存在するならば,広義積分

$$\int_a^\infty f(x)\,dx = \lim_{b \to \infty} \int_a^b f(x)\,dx$$

は収束します.

$$f(x) \geq \frac{C_4}{x^\alpha} \text{ または } f(x) \leq -\frac{C_4}{x^\alpha} \quad (a \leq x < \infty)$$

を満たす定数 $\alpha \leq 1$, $C_4 > 0$ が存在するならば,広義積分は発散します.

公式の使い方(例)

① 次の広義積分を計算しましょう.

$$\int_0^1 \frac{dx}{x^{\frac{1}{3}}}$$

関数 $f(x) = \dfrac{1}{x^{\frac{1}{3}}}$ は $x = 0$ のとき $\lim_{x \to 0} |f(x)| = \infty$ なので有界ではありません.しかし

$$|f(x)| \leq \frac{1}{x^{\frac{1}{3}}} \quad (0 < x \leq 1)$$

なので,公式の判定条件より広義積分は収束します.$\delta > 0$ を微小な量とし

$$\int_\delta^1 \frac{dx}{x^{\frac{1}{3}}} = \left[\frac{3}{2} x^{\frac{2}{3}}\right]_\delta^1 = \frac{3}{2}(1 - \delta^{\frac{2}{3}})$$

と計算します.これより広義積分は収束して

$$\int_0^1 \frac{dx}{x^{\frac{1}{3}}} = \lim_{\delta \to 0} \int_\delta^1 \frac{dx}{x^{\frac{1}{3}}} = \lim_{\delta \to 0} \frac{3}{2}(0 - \delta^{\frac{2}{3}}) = \frac{3}{2}$$

ただし，今後いちいち極限操作を書く必要はありません．上の例では

$$\int_0^1 \frac{dx}{x^{\frac{1}{3}}} = \left[\frac{3}{2} x^{\frac{2}{3}}\right]_0^1 = \frac{3}{2} - 0 = \frac{3}{2}$$

と計算して問題ありません．

② 次の広義積分を計算しましょう．

$$\int_1^\infty \frac{dx}{x^2}$$

公式の判定条件より，この広義積分は収束します．安心して計算すると

$$\int_1^\infty \frac{dx}{x^2} = \left[-\frac{1}{x}\right]_1^\infty = 0 + 1 = 1$$

③ 次の広義積分を計算しましょう．

$$\int_1^\infty \frac{dx}{1+x}$$

この広義積分は，公式の判定条件より発散することがわかります．実際

$$\frac{1}{1+x} \geq \frac{1}{2x} \quad (1 \leq x < \infty)$$

が成り立つからです．また，直接計算によっても

$$\int_1^\infty \frac{dx}{1+x} = [\log(1+x)]_1^\infty = \infty - \log 2 = \infty$$

となるので発散することがわかります．

やってみましょう

① 次の広義積分を計算しましょう．

$$\int_{-1}^{1} \frac{dx}{\sqrt{1-x^2}}$$

$x=\pm 1$ において被積分関数 $\frac{1}{\sqrt{1-x^2}}$ は有界でないので広義積分です．しかし，置換積分法を用いると見通しが良くなります．

$$x = \sin s$$

とおくと

$x=-1$ のとき $s=$ ［　　　］，$x=1$ のとき $s=$ ［　　　］

$$\frac{dx}{ds} = $$

なので

$$\int_{-1}^{1} \frac{dx}{\sqrt{1-x^2}} = \int \frac{1}{\sqrt{1-\sin^2 s}} \frac{dx}{ds} ds = \int \frac{1}{\sqrt{\cos^2 s}} \cdot \qquad ds$$

$$= \int \qquad ds = \Big[\qquad \Big] \qquad = \qquad$$

となります．
実は

$$\int \frac{dx}{\sqrt{1-x^2}} = \sin^{-1} x + C$$

という公式が成立することに注意しましょう．これからも

$$\int_{-1}^{1} \frac{dx}{\sqrt{1-x^2}} = \sin^{-1} \qquad - \sin^{-1} \qquad = \qquad - \qquad = \qquad$$

と計算できます．

② 次の広義積分を計算しましょう．

$$\int_{0}^{\infty} x^2 e^{-x} dx$$

ある正の定数 C が存在して

$$[x^2 e^{-x}] \leq \frac{C}{x^2} \quad (1 \leq x < \infty)$$

となります．これはロピタルの公式を順に適用し

$$\lim_{x \to \infty} x^{2+2} e^{-x} = \lim_{x \to \infty} \frac{x^{2+2}}{e^x} = \lim_{x \to \infty} \frac{4!}{e^x} = 0$$

$(x^4)' = 4x^3$
$(4x^3)' = 4 \cdot 3 \cdot x^2$
$(4 \cdot 3 \cdot x^2)' = 4 \cdot 3 \cdot 2 \cdot x$
$(4 \cdot 3 \cdot 2 \cdot x)' = 4 \cdot 3 \cdot 2 \cdot 1 = 4!$

となることからわかります．よって広義積分は収束します．そこで部分積分法を続けて適用すると

$$\int_0^\infty x^2 e^{-x} dx = \int_0^\infty x^2 (-e^{-x})' dx$$

$$=$$

上と同様に
$$\lim_{x \to \infty} \frac{x^2}{e^x} = \lim_{x \to \infty} \frac{2!}{e^x} = 0$$

$$= 2 \int_0^\infty x e^{-x} dx$$

$$= 2 \qquad\qquad -2 \int_0^\infty \qquad\qquad dx$$

$$= 2 \int_0^\infty e^{-x} dx = 2 \Big[\qquad \Big]_0^\infty =$$

となります．

③ 次の広義積分の収束を調べましょう．

$$\int_0^\infty \frac{\sqrt{x+2} - \sqrt{x}}{x+1} dx$$

$x \to \infty$ のとき，分子は $x^{\frac{1}{2}}$ の増大度，分母は x の増大度なので，差し引き $x^{-\frac{1}{2}}$ の増大度となり発散しそうですが，まとめて考えるとそうではありません．被積分関数を

$$\frac{\sqrt{x+2} - \sqrt{x}}{x+1} = \frac{(\sqrt{x+2} - \sqrt{x})(\sqrt{x+2} + \sqrt{x})}{(x+1)(\sqrt{x+2} + \sqrt{x})}$$

$$= \frac{}{(x+1)(\sqrt{x+2} + \sqrt{x})}$$

と変形します．こうすれば

$$\frac{2}{(x+1)(\sqrt{x+2}+\sqrt{x})} \leq \frac{1}{x^{\frac{3}{2}}} \quad (1 \leq x < \infty)$$

が成り立つので，広義積分は収束することがわかります．

練習問題

① 次の広義積分を計算してください．発散する場合もあります．

(1) $\int_0^3 \dfrac{dx}{\sqrt{3-x}}$ (2) $\int_0^{\frac{\pi}{2}} \dfrac{dx}{\cos x}$

(3) $\int_0^2 \dfrac{dx}{\sqrt{|x(x-1)|}}$ (4) $\int_0^\infty \dfrac{dx}{1+x^2}$

(5) $\int_0^\infty e^{-x} \sin\left(x+\dfrac{\pi}{4}\right) dx$ (6) $\int_1^\infty \dfrac{dx}{1+\log x}$

② $s > 0$ に対して
$$\Gamma(s) = \int_0^\infty x^{s-1} e^{-x} dx$$

と定め，これをガンマ関数と呼びます．後でも出てきますが，応用上重要な関数です．このガンマ関数は，広義積分として収束していることを示してください．

③ $s > 0$, $t > 0$ に対して
$$B(s, t) = \int_0^1 x^{s-1}(1-x)^{t-1} dx$$

と定め，これをベータ関数と呼びます．やはり重要な関数です．このベータ関数は，広義積分として収束していることを示してください．

答え

やってみましょうの答え

① $x=-1$ のとき $s=\boxed{-\dfrac{\pi}{2}}$

$x=1$ のとき $s=\boxed{\dfrac{\pi}{2}}$

$\dfrac{dx}{ds}=\boxed{\cos s}$

$\displaystyle\int_{-1}^{1}\dfrac{dx}{\sqrt{1-x^2}}=\int_{-\frac{\pi}{2}}^{\frac{\pi}{2}}\dfrac{1}{\sqrt{1-\sin^2 s}}\dfrac{dx}{ds}ds=\int_{-\frac{\pi}{2}}^{\frac{\pi}{2}}\dfrac{1}{\sqrt{\cos^2 s}}\cdot\boxed{\cos s}\,ds$

$\displaystyle\qquad\qquad =\int_{-\frac{\pi}{2}}^{\frac{\pi}{2}}ds=\Big[\boxed{s}\Big]_{-\frac{\pi}{2}}^{\frac{\pi}{2}}=\boxed{\pi}$

$\displaystyle\int_{-1}^{1}\dfrac{dx}{\sqrt{1-x^2}}=\sin^{-1}\boxed{1}-\sin^{-1}\boxed{(-1)}=\boxed{\dfrac{\pi}{2}}-\boxed{\left(-\dfrac{\pi}{2}\right)}=\boxed{\pi}$

② $\displaystyle\int_{0}^{\infty}x^2 e^{-x}dx=\boxed{[x^2(-e^{-x})]_0^{\infty}-\int_0^{\infty}(x^2)'(-e^{-x})dx}$

$\displaystyle\qquad\qquad =2\boxed{[x(-e^{-x})]_0^{\infty}}-2\int_0^{\infty}\boxed{(x)'(-e^{-x})}dx$

$\displaystyle\qquad\qquad =2\Big[\boxed{-e^{-x}}\Big]_0^{\infty}=\boxed{2}$

③ $\dfrac{\sqrt{x+2}-\sqrt{x}}{x+1}=\dfrac{\boxed{2}}{(x+1)(\sqrt{x+2}+\sqrt{x})}$

練習問題の答え

① (1) $2\sqrt{3}$

(2) $\displaystyle\int_0^{\frac{\pi}{2}}\frac{(\sin x)'}{\cos^2 x}\,\mathrm{d}x=\int_0^1\frac{\mathrm{d}y}{1-y^2}=\infty$

(3) $\displaystyle\int_0^1\left(\frac{1}{\sqrt{x(1-x)}}+\frac{1}{\sqrt{x(1+x)}}\right)\mathrm{d}x=2\int_0^{\frac{\pi}{2}}\mathrm{d}\theta+2\int_0^{\frac{\pi}{4}}\frac{\mathrm{d}\theta}{\cos\theta}$
$\qquad=\pi+\log(3+2\sqrt{2})$

$\left(\displaystyle\int_0^1\frac{\mathrm{d}x}{\sqrt{x(1-x)}}\right.$ では，$x=\sin^2\theta$ と置換する．

$\displaystyle\int_0^1\frac{\mathrm{d}x}{\sqrt{x(1+x)}}$ では，$x=\tan^2\theta$ と置換する．$\bigg)$

(4) $\left[\tan^{-1}x\right]_0^\infty=\dfrac{\pi}{2}$

(5) $\dfrac{\sqrt{2}}{2}$ （部分積分を 2 回） (6) $\displaystyle\int_0^\infty\frac{\mathrm{e}^y\mathrm{d}y}{1+y}=\infty$

② どのような自然数 n に対してもある $C_n>0$ が存在して $|x^{s-1}\mathrm{e}^{-x}|\leqq C_n/x^n\,(x\geqq 1)$ となるので，$x\longrightarrow\infty$ のとき積分は収束する．また，$|x^{s-1}\mathrm{e}^{-x}|\leqq 1/x^{1-s}\,(0<x\leqq 1)$ となるので，$x\longrightarrow 0$ のとき積分は収束する．

③ $x\longrightarrow 1$ のとき $|x^{s-1}(1-x)^{t-1}|\leqq 1/(1-x)^{1-t}$ であり，$x\longrightarrow 0$ のとき $|x^{s-1}(1-x)^{t-1}|\leqq 1/x^{s-1}$ なので積分は収束する．

12 計算が速くなる積分のテクニック

　ここでは覚えておくと計算が速くなる積分のテクニック・公式などを理解しましょう．以下では積分定数 C を省略して式を示しています．

定義と公式

$$\int e^x f(x) \, dx = e^x(f(x) - f'(x) + f''(x) - f^{(3)}(x) + \cdots)$$

なぜなら，積の微分を使うと，
$(e^x(f(x) - f'(x) + f''(x) - f^{(3)}(x) + \cdots))' =$
$e^x(f(x) - f'(x) + f''(x) - f^{(3)}(x) + \cdots) + e^x(f(x) - f'(x) + f''(x) - f^{(3)}(x) + \cdots)' = e^x f(x)$
となっているからです．

$$\int f(x) \cos x \, dx$$
$$= f(x) \sin x + f'(x) \cos x + f''(x)(-\sin x) + f^{(3)}(x)(-\cos x) + \cdots$$

1回部分積分を行うと $f(x)\sin x$ の項が出てきます．その後は両方とも微分して掛け合わせたものを加えていきます．sin や cos に − (マイナス) を掛けて積分するということは微分することと同じだからです．このように理解しておくと覚えやすいと思います．

同様に

$$\int f(x) \sin x \, dx = f(x)(-\cos x) + f'(x) \sin x + f''(x)(\cos x) + f^{(3)}(x)(-\sin x) + \cdots$$

$$\int f(x) \log x \, dx = F(x) \log x - \int F(x) \frac{1}{x} \, dx \quad (\text{ここで } F(x) = \int f(x) \, dx)$$

関数 $\log x$ は微分すると簡単になるので，$\log x$ を微分するような形で部分積分を行います．
また，答えを予想し逆に微分して求める方法もあります(練習問題②)．図形との関連で定積分の値がすぐにわかる方法もあります．

公式の使い方（例）

次の積分，定積分を求めましょう．

① $\int e^x x^3 dx$ 　　　　　　　　　$f(x)=x^3$ として最初の公式を利用

$$\int e^x x^3 dx = e^x(x^3-3x^2+6x-6)$$

② $\int x^3 \cos x \, dx$ 　　　　　　　$f(x)=x^3$ として 2 番目の公式を利用

$$\int x^3 \cos x \, dx = x^3 \sin x + 3x^2 \cos x + 6x(-\sin x) + 6(-\cos x)$$

③ $\int_0^{\frac{\pi}{2}} x^2 \sin x \, dx$ 　　　　　　$f(x)=x^2$ として 3 番目の公式を利用

$$\int x^2 \sin x \, dx = -x^2 \cos x + 2x \sin x + 2 \cos x$$

よって

$$\int_0^{\frac{\pi}{2}} x^2 \sin x \, dx = \left[-x^2 \cos x\right]_0^{\frac{\pi}{2}} + \left[2x \sin x\right]_0^{\frac{\pi}{2}} + \left[2\cos x\right]_0^{\frac{\pi}{2}} = \pi - 2$$

④ $\int x^3 \log x \, dx$ 　　　　　　　$f(x)=x^3$ として最後の公式を利用

$$\int x^3 \log x \, dx = \frac{x^4}{4} \log x - \int \frac{x^4}{4} \cdot \frac{1}{x} dx = \frac{x^4 \log x}{4} - \frac{x^4}{16}$$

⑤ $\int_{-a}^{a} \sqrt{a^2-x^2} \, dx$

これは，半径 a の半円の面積です．

$$\int_{-a}^{a} \sqrt{a^2-x^2} \, dx = \frac{\pi}{2} a^2$$

やってみましょう

① $\int_0^1 e^x x^4 dx$

$$\int e^x x^4 dx = e^x$$

よって

$$\int_0^1 e^x x^4 dx$$

$$= \left[e^x \quad \right]_0^1 - \left[e^x \quad \right]_0^1 + \left[e^x \quad \right]_0^1 - \left[e^x \quad \right]_0^1 + \left[e^x \quad \right]_0^1$$

$$= e - \quad e + \quad e - \quad e + \quad \left(\quad \right) =$$

② $\int_0^\pi x^3 \cos 2x \, dx$

$2x = u$ とまず置換積分して

$$\frac{1}{2} \int_0^{2\pi} \left(\frac{u}{2}\right)^3 \cos u \, du = \frac{1}{16} \int_0^{2\pi} u^3 \cos u \, du$$

$$= \frac{1}{16}$$

$$= \frac{1}{16} \quad =$$

③ $\int \log(\tan^{-1} x) \frac{dx}{1+x^2}$

$u = \tan^{-1} x$ と置換して

$$du = \frac{dx}{1+x^2}$$

よって

$$\int \log(\tan^{-1} x) \frac{dx}{1+x^2} = \quad = \int (u)' \quad du$$

$$=$$

$$= u \log u - u =$$

④ $\int_0^{\frac{a}{2}} \sqrt{a^2 - x^2} \, dx$

グラフを描くと，半径　　　中心角　　　の扇形の面積と，直角をはさむ2辺の長さが

　　　，　　　の直角3角形の面積の和となるので，

$$\int_0^{\frac{a}{2}} \sqrt{a^2-x^2}\,dx = \frac{\pi a^2}{12} + \frac{a^2\sqrt{3}}{8}$$

練習問題

① 以下の積分,定積分を求めてください.

(1) $\int e^x(x^2-x)\,dx$ (2) $\int_0^1 e^{x^2}(x^5-x^3)\,dx$ (3) $\int x^4 \sin 3x\,dx$

(4) $\int_0^{\frac{\pi}{2}} x^3 \sin x \cos x\,dx$ (5) $\int x^2 \cos^2 x\,dx$ (6) $\int_0^1 x^2 \log x\,dx$

(7) $\int x^4 e^{3x}\,dx$ (8) $\int \frac{\log^2 x}{x^2}\,dx$ (9) $\int_0^{\frac{a}{\sqrt{2}}} \sqrt{a^2-x^2}\,dx$

(10) $\int_{-a}^{\frac{\sqrt{3}a}{2}} \sqrt{a^2-x^2}\,dx$ (11) $\int_0^a \sqrt{2ax-x^2}\,dx$ (12) $\int_0^{\frac{a}{2}} \sqrt{2ax-x^2}\,dx$

② $(e^{ax}\sin(bx))'$, $(e^{ax}\cos(bx))'$ を計算することにより,

$$\int e^{ax}\sin(bx)\,dx \quad \int e^{ax}\cos(bx)\,dx$$

を計算してください.

答え

やってみましょうの答え

① $\int e^x x^4 dx = e^x \boxed{(x^4 - 4x^3 + 12x^2 - 24x + 24)}$

$\int_0^1 e^x x^4 dx = [e^x \boxed{x^4}]_0^1 - \boxed{4}[e^x \boxed{x^3}]_0^1 + \boxed{12}[e^x \boxed{x^2}]_0^1 - \boxed{24}[e^x \boxed{x}]_0^1 + \boxed{24}[e^x]_0^1$

$= e - \boxed{4}e + \boxed{12}e - \boxed{24}e + \boxed{24}(\boxed{e-1}) = \boxed{9e-24}$

② $\dfrac{1}{2}\int_0^{2\pi}\left(\dfrac{u}{2}\right)^3 \cos u\, du = \dfrac{1}{16}\boxed{[u^3 \sin u]_0^{2\pi} + 3[u^2 \cos u]_0^{2\pi} - 6[u \sin u]_0^{2\pi} - 6[\cos u]_0^{2\pi}}$

$= \dfrac{1}{16}\boxed{12\pi^3} = \boxed{\dfrac{3}{4}\pi^3}$

③ $\int \log(\tan^{-1} x)\dfrac{dx}{1+x^2} = \boxed{\int \log u\, du} = \int (u)' \boxed{\log u}\, du$

$= \boxed{u \log u - \int u (\log u)' du}$

$= \boxed{\tan^{-1} x (\log \tan^{-1} x - 1)}$

$\boxed{(\log u)' = \dfrac{1}{u} \text{ を入れた形でもよい.}}$

④ 半径 $\boxed{a}$, 中心角 $\boxed{\dfrac{\pi}{6}}$ の扇形の面積と直角をはさむ2辺の長さが, $\boxed{\dfrac{a}{2}}$, $\boxed{\dfrac{\sqrt{3}}{2}a}$ の直角3角形の面積の和となる．

練習問題の答え

① 以下 C は積分定数を表します．

(1) $e^x(x^2-3x+3)+C$ (2) $\dfrac{e}{2}-\dfrac{3}{2}$

(3) $-\dfrac{x^4}{3}\cos 3x+\dfrac{4x^3}{9}\sin 3x+\dfrac{4x^2}{9}\cos 3x-\dfrac{8x}{27}\sin 3x-\dfrac{8}{81}\cos 3x+C$

(4) $\dfrac{\pi^3}{32}-\dfrac{3\pi}{16}$ (5) $\left(\dfrac{x^2}{4}-\dfrac{1}{8}\right)\sin 2x+\dfrac{x}{4}\cos 2x+\dfrac{x^3}{6}+C$

(6) $-\dfrac{1}{9}$ (7) $\left(\dfrac{x^4}{3}-\dfrac{4x^3}{9}+\dfrac{4x^2}{9}-\dfrac{8x}{27}+\dfrac{8}{81}\right)e^{3x}+C$

(8) $-\dfrac{\log^2 x}{x}-\dfrac{2\log x}{x}-\dfrac{2}{x}+C$ (9) $\dfrac{\pi}{8}a^2+\dfrac{a^2}{4}$

(10) $\dfrac{5\pi}{12}a^2+\dfrac{\sqrt{3}}{8}a^2$ (11) $\dfrac{\pi}{4}a^2$ (12) $\dfrac{\pi}{6}a^2-\dfrac{\sqrt{3}}{8}a^2$

② $(e^{ax}\sin(bx))'=ae^{ax}\sin(bx)+be^{ax}\cos(bx)$
$(e^{ax}\cos(bx))'=ae^{ax}\cos(bx)-be^{ax}\sin(bx)$

積分定数を除いて，

$$e^{ax}\sin(bx)=a\int e^{ax}\sin(bx)\,dx+b\int e^{ax}\cos(bx)\,dx$$

$$e^{ax}\cos(bx)=a\int e^{ax}\cos(bx)\,dx-b\int e^{ax}\sin(bx)\,dx$$

これより，

$$\int e^{ax}\sin(bx)\,dx=\dfrac{1}{a^2+b^2}(ae^{ax}\sin(bx)-be^{ax}\cos(bx))+C$$

$$\int e^{ax}\cos(bx)\,dx=\dfrac{1}{a^2+b^2}(be^{ax}\sin(bx)+ae^{ax}\cos(bx))+C.$$

13 2変数の微分—その1

多変数の微分の基本である偏微分は，直接には1変数の微分と同じ感覚で計算ができます．しかし，多変数に特徴的な状況が現れて，多変数独自の考え方の全微分の概念が必要となります．ここでは，これら多変数の微分の基礎，2変数の微分法についてしっかり練習しましょう．

定義と公式

2変数関数の極限値

$\lim_{(x,y)\to(a,b)} f(x, y) = f_0$, $\lim_{(x,y)\to(a,b)} g(x, y) = g_0$ であるとき

$$\lim_{(x,y)\to(a,b)} (\alpha f(x, y) + \beta g(x, y)) = \alpha f_0 + \beta g_0 \quad (\alpha, \beta \in \mathbf{R})$$

$$\lim_{(x,y)\to(a,b)} f(x, y) g(x, y) = f_0 g_0, \quad \lim_{(x,y)\to(a,b)} \frac{f(x, y)}{g(x, y)} = \frac{f_0}{g_0} \quad (g(x, y) \neq 0)$$

偏導関数

2変数関数 $f(x, y)$ に対して，偏導関数を

$$\frac{\partial f}{\partial x}(x, y) = \lim_{h \to 0} \frac{f(x+h, y) - f(x, y)}{h} \quad (x に関する偏微分)$$

$$\frac{\partial f}{\partial y}(x, y) = \lim_{k \to 0} \frac{f(x, y+k) - f(x, y)}{k} \quad (y に関する偏微分)$$

により，それぞれ右辺の極限が存在するときに定めます．

$$\frac{\partial f}{\partial x}(x, y) を f_x(x, y), \quad \frac{\partial f}{\partial y}(x, y) を f_y(x, y)$$

などとも表します．

全微分

$$f(a+h, b+k) = f(a, b) + h f_x(a, b) + k f_y(a, b) + \varepsilon(a, b ; h, k)$$

ただし

$$\lim_{h,k \to 0} \frac{\varepsilon(a, b ; h, k)}{|h|+|k|} = 0$$

が成り立つとき，$f(x, y)$ は点 (a, b) で全微分可能といいます．このとき

$$df = f_x(x, y)dx + f_y(x, y)dy$$

などと表します．普通の関数（初等関数）で表された関数はすべて全微分可能だと思ってもかまいません．この全微分可能という条件は点 $(a, b, f(a, b))$ で曲面 $z = f(x, y)$ に接平面が存在することと同値で，このとき，接平面の方程式は

$$z - f(a, b) = f_x(a, b)(x-a) + f_y(a, b)(y-b)$$

となります．また，平面 $z = C$ と曲面 $z = f(x, y)$ との交線は，等高線 $f(x, y) - C = 0$ となり等高線上の点 (a, b) 上での等高線への接線の方程式は

$$f_x(a, b)(x-a) + f_y(a, b)(y-b) = 0$$

となります．（例：$z = f(x, y) = \sqrt{1-x^2-y^2}$ （原点中心半径 1 の半球面）$f_x(x, y) = \frac{-x}{\sqrt{1-x^2-y^2}}$, $f_y(x, y) = \frac{-y}{\sqrt{1-x^2-y^2}}$ より，点 $(a, b, c = \sqrt{1-a^2-b^2})$ での接平面は $z - c = (-a/c)(x-a) + (-b/c)(y-b)$．整理して $ax + by + cz = 1$ とよく知られた式になります．また，等高線 $f(x, y) = C$ は $x^2 + y^2 = 1 - C^2$ となり，等高線への接線は $a(x-a) + b(y-b) = 0$, $a^2 + b^2 = 1 - C^2$ となります．）

関数 $f(x, y)$ が全微分可能であるとき，それぞれ x, y に関して偏微分可能ですが，逆は必ずしも成り立ちません．ただし，f_x, f_y がともに連続な点 (x, y) においては，$f(x, y)$ は全微分可能となります．

高階偏導関数

$f_{xy}(x, y) = (f_x(x, y))_y$ および $f_{yx}(x, y) = (f_y(x, y))_x$ が連続な点 (x, y) では

$$f_{xy}(x, y) = f_{yx}(x, y)$$

合成関数の偏微分

関数 $z = f(x, y)$ は全微分可能とします．

$x = \varphi(t), y = \psi(t)$ がともに微分可能ならば

$$\frac{d}{dt} f(\varphi(t), \psi(t)) = f_x(\varphi(t), \psi(t))\varphi'(t) + f_y(\varphi(t), \psi(t))\psi'(t)$$

すなわち

$$\frac{dz}{dt}=\frac{\partial z}{\partial x}\frac{dx}{dt}+\frac{\partial z}{\partial y}\frac{dy}{dt}$$

$x=\varphi(u,\ v)$ $y=\psi(u,\ v)$ がともに偏微分可能ならば

$$\frac{\partial f}{\partial u}(\varphi(u,\ v),\ \psi(u,\ v))=f_x(\varphi(u,\ v),\ \psi(u,\ v))\frac{\partial \varphi}{\partial u}(u,\ v)$$
$$+f_y(\varphi(u,\ v),\ \psi(u,\ v))\frac{\partial \psi}{\partial u}(u,\ v)$$

$$\frac{\partial f}{\partial v}(\varphi(u,\ v),\ \psi(u,\ v))=f_x(\varphi(u,\ v),\ \psi(u,\ v))\frac{\partial \varphi}{\partial v}(u,\ v)$$
$$+f_y(\varphi(u,\ v),\ \psi(u,\ v))\frac{\partial \psi}{\partial v}(u,\ v)$$

すなわち

$$\frac{\partial z}{\partial u}=\frac{\partial z}{\partial x}\frac{\partial x}{\partial u}+\frac{\partial z}{\partial y}\frac{\partial y}{\partial u},\ \frac{\partial z}{\partial v}=\frac{\partial z}{\partial x}\frac{\partial x}{\partial v}+\frac{\partial z}{\partial y}\frac{\partial y}{\partial v}$$

公式の使い方（例）

① 関数 $f(x,\ y)=x^2-y^2$ の偏導関数を求めましょう．

x に関する偏微分を計算するときは y は定数と考え，y に関する偏導関数を計算するときは x は定数と考えます．よって

$$f_x(x,\ y)=\frac{\partial}{\partial x}(x^2-y^2)=2x$$
$$f_y(x,\ y)=\frac{\partial}{\partial y}(x^2-y^2)=-2y$$

② 関数 $f(x,\ y)=\sin xy$ の全微分を求めましょう．また，点 $\left(\frac{\pi}{3},\ 1,\ \frac{\sqrt{3}}{2}\right)$ での接平面の方程式，等高線 $\sin xy=\frac{\sqrt{3}}{2}$ 上の点 $\left(\frac{\pi}{3},\ 1\right)$ における等高線への接線の方程式をそれぞれ求めましょう．

全微分の公式

$$df = f_x(x, y)dx + f_y(x, y)dy$$

を用います．合成関数の微分法より

$$f_x(x, y) = \frac{\partial}{\partial x}\sin xy = y\cos xy$$

$$f_y(x, y) = \frac{\partial}{\partial y}\sin xy = x\cos xy$$

なので

$$df = y\cos xy\, dx + x\cos xy\, dy$$

また，接平面の方程式は

$$z - \frac{\sqrt{3}}{2} = \frac{1}{2}\left(x - \frac{\pi}{3}\right) + \frac{\pi}{6}(y - 1)$$

等高線への接線は

$$\left(x - \frac{\pi}{3}\right) + \frac{\pi}{3}(y - 1) = 0$$

③ 関数 $f(x, y) = e^{2x+y}$ の2階までの偏導関数を求めましょう．

偏微分の公式を用いて順に計算します．

$$f_x(x, y) = \frac{\partial}{\partial x}e^{2x+y} = 2e^{2x+y}$$

$$f_y(x, y) = \frac{\partial}{\partial y}e^{2x+y} = e^{2x+y}$$

$$f_{xx}(x, y) = 2\frac{\partial}{\partial x}e^{2x+y} = 4e^{2x+y}$$

$$f_{xy}(x, y) = 2\frac{\partial}{\partial y}e^{2x+y} = 2e^{2x+y} = f_{yx}(x, y)$$

$$f_{yy}(x, y) = \frac{\partial}{\partial y}e^{2x+y} = e^{2x+y}$$

> 高階偏導関数の定義で，すでに述べた通り，$f_{xy}(x, y)$ は，$f(x, y)$ をまず x で偏微分して，さらに y で偏微分したもの，$f_{yx}(x, y)$ は，$f(x, y)$ をまず y で偏微分し，さらに x で偏微分したものを表しています．

④ 次の合成関数に対して z_u, z_v を求めましょう．

$$z = x - y,\ x = u + v,\ y = u - v$$

公式を用いて計算します．

$$z_u = z_x x_u + z_y y_u = 1 \cdot 1 + (-1) \cdot 1 = 0$$
$$z_v = z_x x_v + z_y y_v = 1 \cdot 1 + (-1) \cdot (-1) = 2$$

⑤ 関数 $f(x, y) = \dfrac{x+y}{x-y}$ について

$$\lim_{y \to 0}(\lim_{x \to 0} f(x, y)), \ \lim_{x \to 0}(\lim_{y \to 0} f(x, y))$$

を求めましょう．

別々に極限を求めるところがポイントです．

$y \neq 0$ のとき $\displaystyle\lim_{x \to 0} f(x, y) = \dfrac{y}{-y} = -1$

$x \neq 0$ のとき $\displaystyle\lim_{y \to 0} f(x, y) = \dfrac{x}{x} = 1$

なので

$$\lim_{y \to 0}(\lim_{x \to 0} f(x, y)) = \lim_{y \to 0}(-1) = -1$$
$$\lim_{x \to 0}(\lim_{y \to 0} f(x, y)) = \lim_{x \to 0} 1 = 1$$

特に $\displaystyle\lim_{(x,y) \to (0,0)} f(x, y)$ は存在しません．2 変数関数では，このような状況が起こりうることに注意しましょう．

やってみましょう

① 関数 $f(x, y) = \log(2x^2 + xy + y^2)$ の偏導関数を求めましょう．

偏導関数を求めるときは，その変数に対しての 1 変数関数と考えて計算します．すなわち，1 変数関数の合成関数の微分法より

$$f_x(x, y) = \dfrac{\partial}{\partial x} \log(2x^2 + xy + y^2)$$
$$= \dfrac{1}{2x^2 + xy + y^2} \dfrac{\partial}{\partial x}(2x^2 + xy + y^2)$$
$$=$$

$$f_y(x,\ y) = \frac{\partial}{\partial y}\log(2x^2+xy+y^2)$$
$$= \frac{1}{}\frac{\partial}{\partial y}$$
$$= $$

となります．

② 関数 $f(x,\ y) = \dfrac{y}{x^2+y^2}$ の全微分を求めましょう．また，点 $\left(2,\ 1,\ \dfrac{1}{5}\right)$ での接平面の方程式，等高線 $f(x,\ y) = \dfrac{1}{5}$ 上の点 $(2,\ 1)$ における接線の方程式を求めましょう．

まず偏導関数を計算します．

$$f_x(x,\ y) = \frac{\partial}{\partial x}\left(\frac{y}{x^2+y^2}\right) = $$

$$f_y(x,\ y) = \frac{\partial}{\partial y}\left(\frac{y}{x^2+y^2}\right) = \frac{1}{x^2+y^2} - \frac{2y^2}{(x^2+y^2)^2} = \frac{}{(x^2+y^2)^2}$$

これより

$$df = f_x(x,\ y)dx + f_y(x,\ y)dy$$
$$= dx + dy$$

となります．また，接平面の方程式は

$$z - = -(x-2) + (y-1)$$

等高線への接線の方程式は

$$-4(x-2) + 3(y-1) = 0$$

③ 関数 $f(x,\ y) = e^x \sin y$ の 2 階までの偏導関数を求めましょう．

順々に計算します．

$$f_x(x, y) = e^x \sin y, \quad f_y(x, y) = \boxed{}$$

$$f_{xx}(x, y) = \boxed{}, \quad f_{xy}(x, y) = \boxed{} = f_{yx}(x, y)$$

$$f_{yy}(x, y) = \boxed{}$$

となります．

④ 次の合成関数に対して $\dfrac{\mathrm{d}z}{\mathrm{d}t}$ を計算しましょう．

$$z = \cos x \sin y, \quad x = e^{-t}, \quad y = e^t$$

公式に従って計算します．

$$\frac{\mathrm{d}z}{\mathrm{d}t} = \frac{\partial z}{\partial x}\frac{\mathrm{d}x}{\mathrm{d}t} + \frac{\partial z}{\partial y}\frac{\mathrm{d}y}{\mathrm{d}t}$$

$$= \frac{\partial}{\partial x}(\cos x \sin y)\Big|_{x=e^{-t}, y=e^t} \frac{\mathrm{d}e^{-t}}{\mathrm{d}t} + \frac{\partial}{\partial y}(\cos x \sin y)\Big|_{x=e^{-t}, y=e^t} \frac{\mathrm{d}e^t}{\mathrm{d}t}$$

$$= e^{-t} \boxed{} + e^t \boxed{}$$

となります．

⑤ 関数 $f(x, y) = \dfrac{x^2 - y^2}{x^2 + y^2}$ の，直線 $y = lx$ $(l \in \boldsymbol{R})$ に沿って $(x, y) \to (0, 0)$ となるときの極限を求めましょう．

$y = lx$ のとき

$$f(x, lx) = \frac{x^2 - l^2 x^2}{x^2 + l^2 x^2} = \boxed{} \quad (x \neq 0)$$

なので

$$\lim_{(x,y) \to (0,0), y=lx} f(x, y) = \boxed{}$$

となります．l^2 が異なれば，この極限値は異なる値をとることに注意してください．

練習問題

① 次の関数 $f(x, y)$ の f_x, f_y, f_{xx}, f_{xy}, f_{yy} を求めましょう．

(1) x^3+y^3-3xy (2) $\dfrac{1}{x}+\dfrac{1}{y}$ (3) $e^{x^2-y^2}$ (4) $\dfrac{1}{x^2+y^2}$ (5) $\sin(ye^x)$

(6) $\log(x^2+y^2)$ (7) $(x^3+y^3)^{-2}$ (8) $\sin^{-1}(xy)$ (9) $\tan^{-1}(xy)$ (10) $\cosh(x^2+y^2)$

(11) $e^{e^{xy}}$ (12) $\log_x y$ $\left(\dfrac{\log y}{\log x}\text{としましょう．}\right)$ (13) x^y （対数をとりましょう．）

② 次の関数 $f(x, y)$ の点 $(a, b, c=f(a, b))$ における接平面の方程式，等高線 $f(x, y)=c$ 上の点 (a, b) における接線の方程式を求めてください．

(1) x^3+y^3-3xy (2) $e^{x^2+y^2}$ (3) $\cos(xe^y)$ (4) $\log(x^2+y^2)$ (5) $e^{e^{xy}}$

③ 次の合成関数に対して $\dfrac{dz}{dt}$ または z_u, z_v を計算しましょう．

(1) $z=e^{x^2+2y^2}$, $x=e^t$, $y=e^{-t}$ (2) $z=e^{x^2+2y^2}$, $x=e^{u-v}$, $y=e^{u+v}$

(3) $z=\cosh(xy)$, $x=\sin t$, $y=\cos t$ (4) $z=\cosh(xy)$, $x=e^{uv}$, $y=u^2+v^2$

④ $z=f(x, y)$, $x=r\cos\theta$, $y=r\sin\theta$ で, $z_x=A$, $z_y=B$, $z_{xx}=C$, $z_{yy}=D$ とおくとき，

$$z_r^2+\left(\frac{z_\theta}{r}\right)^2, \quad z_{rr}+\frac{1}{r}z_r+\frac{1}{r^2}z_{\theta\theta}$$

をそれぞれ，A, B, C, D を用いて表しましょう．

⑤ 次の極限値を求めてください．

$$\lim_{(x,y)\to(0,0)}\frac{xy(-x^2+y^2)}{x^2+y^2}$$

答え

やってみましょうの答え

① $f_x(x, y)=\boxed{\dfrac{4x+y}{2x^2+xy+y^2}}$

$f_y(x, y)=\dfrac{1}{\boxed{2x^2+xy+y^2}}\dfrac{\partial}{\partial y}\boxed{(2x^2+xy+y^2)}$

$=\boxed{\dfrac{x+2y}{2x^2+xy+y^2}}$

② $f_x(x, y) = \boxed{-\dfrac{2xy}{(x^2+y^2)^2}}$

$f_y(x, y) = \dfrac{\boxed{x^2-y^2}}{(x^2+y^2)^2}$

$df = \boxed{-\dfrac{2xy}{(x^2+y^2)^2}}dx + \boxed{\dfrac{x^2-y^2}{(x^2+y^2)^2}}dy$

接平面の方程式は $z - \boxed{\dfrac{1}{5}} = -\boxed{\dfrac{4}{25}}(x-2) + \boxed{\dfrac{3}{25}}(y-1)$

等高線への接線の方程式は $-4(x-2) + 3(y-1) = 0$

③ $f_y(x, y) = \boxed{e^x \cos y}$

$f_{xx}(x, y) = \boxed{e^x \sin y}$, $f_{xy}(x, y) = \boxed{e^x \cos y} = f_{yx}(x, y)$

$f_{yy}(x, y) = \boxed{-e^x \sin y}$

④ $\dfrac{dz}{dt} = \dfrac{\partial z}{\partial x}\dfrac{dx}{dt} + \dfrac{\partial z}{\partial y}\dfrac{dy}{dt}$

$\qquad = e^{-t}\boxed{\sin e^{-t} \sin e^t} + e^t \boxed{\cos e^{-t} \cos e^t}$

⑤ $f(x, lx) = \boxed{\dfrac{1-l^2}{1+l^2}}\quad (x \neq 0)$

なので

$\lim\limits_{(x,y)\to(0,0),\, y=lx} f(x, y) = \boxed{\dfrac{1-l^2}{1+l^2}}$

練習問題の答え

① (1) $f_x = 3x^2 - 3y,\ f_y = 3y^2 - 3x,\ f_{xx} = 6x,\ f_{xy} = -3,\ f_{yy} = 6y$

以下，同様に，$f_x,\ f_y,\ f_{xx},\ f_{xy} = f_{yx},\ f_{yy}$ の順です．

(2) $-1/x^2,\ -1/y^2,\ 2x^{-3},\ 0,\ 2y^{-3}$

(3) $2xe^{x^2-y^2},\ -2ye^{x^2-y^2},\ 2e^{x^2-y^2} + 4x^2 e^{x^2-y^2},\ -4xy e^{x^2-y^2},\ -2e^{x^2-y^2} + 4y^2 e^{x^2-y^2}$

(4) $-2x/(x^2+y^2)^2,\ -2y/(x^2+y^2)^2,\ \{-2/(x^2+y^2)^2\} + \{8x^2/(x^2+y^2)^3\},$
    $8xy/(x^2+y^2)^3,\ \{-2/(x^2+y^2)^2\} + \{8y/(x^2+y^2)^3\}$

(5) $\cos(ye^x)ye^x,\ \cos(ye^x)e^x,\ \cos(ye^x)ye^x - \sin(ye^x)y^2 e^{2x},$
    $\cos(ye^x)e^x - \sin(ye^x)ye^{2x},\ -\sin(ye^x)e^{2x}$

(6) $2x/(x^2+y^2),\ 2y/(x^2+y^2),\ 2/(x^2+y^2) - 4x^2/(x^2+y^2)^2,\ -4xy/(x^2+y^2)^2,$
    $2/(x^2+y^2) - 4y^2/(x^2+y^2)^2$

(7) $-6x^2/(x^3+y^3)^{-3},\ -6y^2/(x^3+y^3)^{-3},\ -12x(x^3+y^3)^{-3} + 54x^4(x^3+y^3)^{-4},$

$54x^2y^2(x^3+y^3)^{-4}$, $-12y(x^3+y^3)^{-3}+54y^4(x^3+y^3)^{-4}$

(8) $y/\sqrt{1-x^2y^2}$, $x/\sqrt{1-x^2y^2}$, $y^3x(1-x^2y^2)^{-\frac{3}{2}}$, $(1-x^2y^2)^{-\frac{1}{2}}+y^2x^2(1-x^2y^2)^{-\frac{3}{2}}$, $x^3y(1-x^2y^2)^{-\frac{3}{2}}$

(9) $y/(1+x^2y^2)$, $x/(1+x^2y^2)$, $-2y^3x/(1+x^2y^2)^2$, $(1-x^2y^2)/(1+x^2y^2)^2$, $-2x^3y/(1+x^2y^2)^2$

(10) $\sinh(x^2+y^2)(2x)$, $\sinh(x^2+y^2)(2y)$, $2\sinh(x^2+y^2)+4x^2\cosh(x^2+y^2)$, $4xy\sinh(x^2+y^2)$, $2\sinh(x^2+y^2)+4y^2\cosh(x^2+y^2)$

(11) $e^{e^{xy}}ye^{xy}$, $e^{e^{xy}}xe^{xy}$, $e^{e^{xy}}y^2e^{2xy}+e^{e^{xy}}y^2e^{xy}$, $e^{e^{xy}}(xye^{2xy}+e^{xy}+xye^{xy})$, $e^{e^{xy}}(x^2e^{2xy}+x^2e^{xy})$

(12) $-\log y/(x\log^2 x)$, $1/(y\log x)$, $\log y(x^{-2}\log^{-4}x(\log^2 x+2\log x))$, $-1/(yx(\log^2 x))$, $-1/(y^2\log x)$

(13) $x^y y/x$, $x^y\log x$, $x^y(-y+y^2)/x^2$, $x^y(1+y\log x)/x$, $x^y\log^2 x$ ($x^y=e^{y\log x}$ です)

② (1) $z-C=(3a^2-3b)(x-a)+(3b^2-3a)(y-b)$, $(a^2-b)(x-a)+(b^2-a)(y-b)=0$

(2) $z-C=2ae^{a^2+b^2}(y-a)+2be^{a^2+b^2}(y-b)$, $a(x-a)+b(y-b)=0$

(3) $z-C=-\sin(ae^b)e^b(x-a)-\sin(ae^b)ae^b(y-b)$, $(x-a)+a(y-b)=0$

(4) $z-C=2a/(a^2+b^2)(x-a)+2b(a^2+b^2)(y-b)$, $a(x-a)+b(y-b)=0$

(5) $z-C=e^{e^{ab}}be^{ab}(x-a)+e^{e^{ab}}(y-b)$, $b(x-a)+a(y-b)=0$

③ (1) $\dfrac{dz}{dt}=e^{e^{2t}+2e^{-2t}}(2e^{2t}-4e^{-2t})$

(2) $z_u=e^{e^{2u-2v}+2e^{2u+2v}}(2e^{2u-2v}+4e^{2u+2v})$, $z_v=e^{e^{2u-2v}+2e^{2u+2v}}(-2e^{2u-2v}+4e^{2u+2v})$

(3) $\dfrac{dz}{dt}=\sinh(\sin t\cos t)(\cos^2 t-\sin^2 t)$

(4) $z_u=\sin(e^{uv}(u^2+v^2))e^{uv}(u^2v+v^3+2u)$, $z_v=\sin(e^{uv}(u^2+v^2))e^{uv}(u^3+uv^2+2v)$

④ A^2+B^2, $C+D$

⑤ $\left|\dfrac{-x^2+y^2}{x^2+y^2}\right|\leqq 1$ より |与式|$\leqq |xy|$, よって求める極限値$=0$

14 2変数の微分―その2

多変数関数の場合も，多変数の多項式で近似するテイラー展開の公式は重要な解析手法です．1変数関数と比べれば複雑になるので，ここでしっかり練習しましょう．

定義と公式

2変数のテイラー展開

関数 $f(x, y)$ は点 (a, b) の近くの領域で連続 n 階偏微分可能とします．微小な h, k に対して（1次の項までのテイラー展開）

$$f(a+h, b+k)=$$
$$f(a, b)+\left(h\frac{\partial f}{\partial x}(a, b)+k\frac{\partial f}{\partial y}(a, b)\right)+\frac{1}{2}\Big(h^2\frac{\partial^2 f}{\partial x^2}(a+\theta h, b+\theta k)$$
$$+2hk\frac{\partial^2 f}{\partial x \partial y}(a+\theta h, b+\theta k)+k^2\frac{\partial^2 f}{\partial y^2}(a+\theta h, b+\theta k)\Big)$$

これは，Δf を $f(a+\Delta x, b+\Delta y)-f(a, b)$，すなわち，$f$ の増分とおくと，$\Delta f \fallingdotseq f_x(a, b)\Delta x + f_y(a, b)\Delta y$ となり，f の増分が近似的には x の増分と y の増分の1次式で書けることを示しています．

（2次の項までのテイラー展開）

$$f(a+h, b+k)=f(a, b)$$
$$+\left(h\frac{\partial f}{\partial x}(a, b)+k\frac{\partial f}{\partial y}(a, b)\right)+\frac{1}{2}\Big(h^2\frac{\partial^2 f}{\partial x^2}(a, b)+2hk\frac{\partial^2 f}{\partial x \partial y}(a, b)$$
$$+k^2\frac{\partial^2 f}{\partial y^2}(a, b)\Big)+\frac{1}{6}\Big(h^3\frac{\partial^3 f}{\partial x^3}(a+\theta h, b+\theta k)$$
$$+3h^2k\frac{\partial^3 f}{\partial x^2 \partial y}(a+\theta h, b+\theta k)+3hk^2\frac{\partial^3 f}{\partial x \partial y^2}(a+\theta h, b+\theta h)$$
$$+\frac{\partial^3 f}{\partial y^3}(a+\theta h, b+\theta k)$$

（$n-1$ 次の項までのテイラー展開）

$$f(a+h, b+k) = f(a, b) + (h\partial_x + k\partial_y)f(a, b) + \frac{1}{2!}(h\partial_x + k\partial_y)^2 f(a, b)$$
$$+ \cdots + \frac{1}{(n-1)!}(h\partial_x + k\partial_y)^{n-1} f(a, b)$$
$$+ \frac{1}{n!}(h\partial_x + k\partial_y)^n f(a+\theta h, b+\theta k) \quad (0 \le \theta \le 1)$$

を満たす θ が存在します．ただしここで

$$(h\partial_x + k\partial_y)^m = h^m \partial_x^m + m h^{m-1} k \partial_x^{m-1} \partial_y + \cdots$$
$$+ \binom{m}{i} h^{m-i} k^i \partial_x^{m-i} \partial_y^i + \cdots + m h k^{m-1} \partial_x \partial_y^{m-1} + k^m \partial_y^m$$

> $\psi(t) = f(a+ht, b+kt)$ とおき，$\psi(t)$ の $t=0$ におけるテイラー展開において $t=1$ を代入すると，$\psi(1) = \psi(0) + \psi'(0) + (1/2)\psi''(0) + \cdots + (1/(n-1)!)\psi^{(n-1)}(0) + (1/n!)\psi^{(n)}(\theta)$, $(0 < \theta < 1)$ となります．$\psi^{(n)}(t) = (h\partial_x + k\partial_y)^{(n)} f(a+ht, b+ht)$ に注意しましょう．

特に $(a, b) = (0, 0)$ のとき

$$f(h, k) = f(0, 0) + (h\partial_x + k\partial_y)f(0, 0) + \frac{1}{2!}(h\partial_x + k\partial_y)^2 f(0, 0) + \cdots$$
$$+ \frac{1}{(n-1)!}(h\partial_x + k\partial_y)^{n-1} f(0, 0)$$
$$+ \frac{1}{n!}(h\partial_x + k\partial_y)^n f(\theta x, \theta y) \quad (0 \le \theta \le 1)$$

を満たす θ が存在します．

公式の使い方（例）

① 関数 $f(x, y) = x^3 + 3xy + y^2$ の点 $(0, 0)$ におけるテイラー展開を，2次の項まで求めましょう．

点 $(0, 0)$ における2階までの偏導関数を計算します．

$$f_x(0, 0) = \frac{\partial}{\partial x}(x^3 + 3xy + y^2)|_{x=y=0} = (3x^2 + 3y)|_{x=y=0} = 0$$

$$f_y(0, 0) = \frac{\partial}{\partial y}(x^3 + 3xy + y^2)|_{x=y=0} = (3x + 2y)|_{x=y=0} = 0$$

$$f_{xx}(0, 0) = \frac{\partial^2}{\partial x^2}(x^3 + 3xy + y^2)|_{x=y=0} = 6x|_{x=y=0} = 0$$

$$f_{xy}(0, 0) = \frac{\partial^2}{\partial x \partial y}(x^3 + 3xy + y^2)|_{x=y=0} = 3 = f_{yx}(0, 0)$$

$$f_{yy}(0, 0) = \frac{\partial^2}{\partial y^2}(x^3 + 3xy + y^2)|_{x=y=0} = 2$$

これより求めるテイラー展開は

$$f(0, 0) + f_x(0, 0)x + f_y(0, 0)y$$
$$+ \frac{1}{2!}\{f_{xx}(0, 0)x^2 + 2f_{xy}(0, 0)xy + f_{yy}(0, 0)y^2\}$$
$$= 3xy + y^2$$

以上公式に従って計算をしましたが，実はもとの多項式の3次以上の項を除けば十分であることに注意しましょう．

② 関数 $f(x, y) = x^2 + xy + 2y^2$ の点 $(1, 1)$ におけるテイラー展開を，2次の項まで求めましょう．

①と同様に，点 $(1, 1)$ における2階までの偏導関数を計算します．

$$f_x(1, 1) = \frac{\partial}{\partial x}(x^2 + xy + 2y^2)|_{x=y=1} = (2x + y)|_{x=y=1} = 3$$

$$f_y(1, 1) = \frac{\partial}{\partial y}(x^2 + xy + 2y^2)|_{x=y=1} = (x + 4y)|_{x=y=1} = 5$$

$$f_{xx}(1, 1) = \frac{\partial^2}{\partial x^2}(x^2 + xy + 2y^2)|_{x=y=1} = 2$$

$$f_{xy}(1, 1) = \frac{\partial^2}{\partial x \partial y}(x^2 + xy + 2y^2)|_{x=y=1} = 1 = f_{yx}(1, 1)$$

$$f_{yy}(1, 1) = \frac{\partial^2}{\partial y^2}(x^2 + xy + 2y^2)|_{x=y=1} = 4$$

これより求めるテイラー展開は

$$f(1, 1) + f_x(1, 1)(x-1) + f_y(1, 1)(y-1)$$
$$+ \frac{1}{2!}\{f_{xx}(1, 1)(x-1)^2 + 2f_{xy}(1, 1)(x-1)(y-1)$$
$$+ f_{yy}(1, 1)(y-1)^2\}$$
$$= 4 + 3(x-1) + 5(y-1)\frac{1}{2}\{2(x-1)^2 + 2(x-1)(y-1) + 4(y-1)^2\}$$
$$= 4 + 3(x-1) + 5(y-1) + (x-1)^2 + (x-1)(y-1) + 2(y-1)^2$$

となります．点 $(1, 1)$ を中心に考えるときは，公式で $h = x-1$, $k = y-1$ であることに注意しましょう．

③ $f(x, y) = \frac{y}{x}$ とおいたとき，f_x, f_y を計算し $(x, y) = (a, b)$ における $\varDelta f$ の1次近似を求めてみましょう．

$$f_x = -\frac{y}{x^2}, \quad f_y = \frac{1}{x}$$

よって

$$\Delta f = f(a+\Delta x, \ b+\Delta y) - f(a, \ b) \fallingdotseq -\frac{b}{a^2}\Delta x + \frac{1}{a}\Delta y$$

これは，x を打数，y を安打数としたとき，打率 f を表す式となり，$\Delta x = \Delta y = 1$ のときの $\Delta f = (-b/a^2 + 1/a) = \dfrac{(1-b/a)}{a}$ は，今まで a 打数 b 安打の打者が次の打席でヒットを打てば打率がどれだけ上がるかを表す式になっています．同様に $\Delta x=1, \Delta y=0$ のときの $\Delta f = -b/a^2 = -\dfrac{b/a}{a}$ は次の打席で凡打すればどれだけ打率が下がるかを表す式になっています．

やってみましょう

① 関数 $f(x, y) = e^{-x}\sin y$ の点 $(0, 0)$ におけるテイラー展開を，2次の項まで求めましょう．

点 $(0, 0)$ における2階までの偏導関数を計算します．

$$f_x(0, \ 0) = \frac{\partial}{\partial x}(e^{-x}\sin y)|_{x=y=0} = \qquad \Big|_{x=y=0} =$$

$$f_y(0, \ 0) = \frac{\partial}{\partial y}(e^{-x}\sin y)|_{x=y=0} = \qquad \Big|_{x=y=0} =$$

$$f_{xx}(0, \ 0) = \frac{\partial^2}{\partial x^2}(e^{-x}\sin y)|_{x=y=0} = \qquad \Big|_{x=y=0} =$$

$$f_{xy}(0, \ 0) = \frac{\partial^2}{\partial x\,\partial y}(e^{-x}\sin y)|_{x=y=0} = \qquad \Big|_{x=y=0} = \qquad = f_{yx}(0, \ 0)$$

$$f_{yy}(0, \ 0) = \frac{\partial^2}{\partial y^2}(e^{-x}\sin y)|_{x=y=0} = \qquad \Big|_{x=y=0} =$$

これより求めるテイラー展開は

$$f(0, 0) + f_x(0, 0)x + f_y(0, 0)y$$
$$+ \frac{1}{2!}\{f_{xx}(0, 0)x^2 + 2f_{xy}(0, 0)xy + f_{yy}(0, 0)y^2\}$$

$$=$$

となります．

別解としては，個別のテイラー展開を用いる方法があります．すなわち

$$e^{-x} = 1 - x + x^2 - x^3 + \cdots$$

$$\sin y = y - \frac{1}{3!}y^3 + \cdots$$

なので

$$e^{-x}\sin y = y - xy + \frac{1}{2}x^2 y + \cdots$$

これより同じ結果を得ます．

② 関数 $f(x, y) = \sin x \cos y$ の点 $(0, 0)$ におけるテイラー展開を，5次の項まで求めましょう．

順々に偏導関数を計算してもよいのですが，個別のテイラー展開を用いた方が便利です．5次まで考えればよいので

$$\sin x = x - \frac{1}{3!}x^3 + \frac{1}{5!}x^5 - \cdots$$

$$\cos y = 1 - y^2 + y^4 - \cdots$$

これより

$$\sin x \cos y =$$

$$= \qquad + (6次以上の項)$$

となります.

③ 半径 r, 中心角 θ の扇形の面積 S は, $S = \dfrac{1}{2} r^2 \theta$ です. 半径 r が x ％増加し, 角度 θ が y ％減少するとき, S は約何 ％ 増加するでしょうか？

増分 $\varDelta S$ の S に対する割合を求めたいので,

$$\mathrm{d}\log S \fallingdotseq \frac{\varDelta S}{S}$$

より, 全体の対数をとります.

$$\log S = \log \frac{1}{2} + 2\log r + \log \theta$$

よってこの全微分をとって,

$$\mathrm{d}\log S = \mathrm{d}\Bigl(\qquad\qquad \Bigr)$$

つまり

$$\frac{\varDelta S}{S} \fallingdotseq \qquad = \qquad (\%)$$

となります.

練習問題

① 次の関数の点 $(0, 0)$ におけるテイラー展開を, 2次の項まで求めましょう.

(1) $\dfrac{x}{x^2 + (y-1)^2}$ (2) $\log \sqrt{x^2 + (y+1)^2}$ (3) e^{xy} (4) $\dfrac{1}{1 - x - 2y}$ (5) $\sin(\mathrm{e}^{x+y} - 1)$

(6) $\tan^{-1}(\sin x + \cos y - 1)$ (7) $\sqrt{1 - x^2 - y^2}$

② 長さ l の単振り子の周期 T は, $T = 2\pi \sqrt{\dfrac{l}{g}}$ です. T の相対変化 $\dfrac{\varDelta T}{T}$ を l と g の相対変化を用いて表しましょう.

③ 3角形 △ABC の面積 S を $S=\dfrac{1}{2}ac\sin B$ で表すとき，S の絶対変化 ΔS を Δa, Δc, ΔB で表しましょう．また，Δa, Δb, Δc でも表してみてください．

答え

やってみましょうの答え

① $f_x(0, 0)=\dfrac{\partial}{\partial x}(e^{-x}\sin y)|_{x=y=0}=\boxed{-e^{-x}\sin y}\Big|_{x=y=0}=\boxed{0}$

$f_y(0, 0)=\dfrac{\partial}{\partial y}(e^{-x}\sin y)|_{x=y=0}=\boxed{(e^{-x}\cos y)}\Big|_{x=y=0}=\boxed{1}$

$f_{xx}(0, 0)=\dfrac{\partial^2}{\partial x^2}(e^{-x}\sin y)|_{x=y=0}=\boxed{(e^{-x}\sin y)}\Big|_{x=y=0}=\boxed{0}$

$f_{xy}(0, 0)=\dfrac{\partial^2}{\partial x\partial y}(e^{-x}\sin y)|_{x=y=0}=\boxed{-e^{-x}\cos y}\Big|_{x=y=0}=\boxed{-1}=f_{yx}(0, 0)$

$f_{yy}(0, 0)=\dfrac{\partial^2}{\partial y^2}(e^{-x}\sin y)|_{x=y=0}=\boxed{(-e^{-x}\sin y)}\Big|_{x=y=0}=\boxed{0}$

$f(0, 0)+f_x(0, 0)x+f_y(0, 0)y+\dfrac{1}{2!}\{f_{xx}(0, 0)x^2+2f_{xy}(0, 0)xy+f_{yy}(0, 0)y^2\}=\boxed{y-xy}$

となります．

別解としては，個別のテイラー展開を用いる方法があります．すなわち

$e^{-x}=1-x+\boxed{\dfrac{1}{2}}x^2-\boxed{\dfrac{1}{6}}x^3+\cdots$

$\sin y=y-\dfrac{1}{3!}y^3+\cdots$

なので

$e^{-x}\sin y=y-xy+\dfrac{1}{2}x^2y+\cdots$

② $\sin x=x-\dfrac{1}{3!}x^3+\dfrac{1}{5!}x^5-\cdots$

$\cos y=1-\boxed{\dfrac{1}{2!}}y^2+\boxed{\dfrac{1}{4!}}y^4-\cdots$

これより

$\sin x\cos y=\boxed{\left(x-\dfrac{1}{3!}x^3+\dfrac{1}{5!}x^5-\cdots\right)}\boxed{\left(1-\dfrac{1}{2!}y^2+\dfrac{1}{4!}y^4-\cdots\right)}$

$=\boxed{x-\dfrac{1}{3!}x^3-\dfrac{1}{2!}xy^2+\dfrac{1}{5!}x^5+\dfrac{1}{4!}xy^4+\dfrac{1}{12}x^3y^2}+(6\text{次以上の項})$

③ 全微分をとって，$d\log S = d\left(\boxed{\log\frac{1}{2} + 2\log r + \log\theta}\right)$

つまり，$\dfrac{\Delta S}{S} \fallingdotseq \boxed{2\dfrac{\Delta r}{r} + \dfrac{\Delta\theta}{\theta}} = \boxed{2x - y}$ (%)

練習問題の答え

① (1) $x + 2yx + 3$ 次以上の項　($x/(1-(2y-x^2-y^2))$ として $1/(1-u)$ のテイラー展開に代入，または，偏微分を計算してみましょう．)

(2) $y + (1/2)x^2 - (1/2)y^2 + (3$ 次以上の項)　　(3) $1 + xy + x^2y^2/2 + (3$ 次以上の項)

(4) $1 + x + 2y + x^2 + 4xy + 4y^2 + (3$ 次以上の項)　　(5) $x + y + 1/2(x+y)^2 + (3$ 次以上の項)

(6) $\tan^{-1}(\sin x + \cos y - 1) = x - \dfrac{1}{2}y^2 + (3$ 次以上の項)　　(7) $1 - (1/2)(x^2 + y^2) + (3$ 次以上の項)

② $\Delta T/T = \Delta l/(2l) - \Delta g/(2g)$

③ $\Delta S = (1/2)(c(\sin B)\Delta a + a(\sin B)\Delta c + ac(\cos B)\Delta B)$

$\Delta S = a(b^2 + c^2 - a^2)/(4S^2)\Delta a + b(a^2 + c^2 - b^2)/(4S^2)\Delta b + c(a^2 + b^2 - c^2)/(4S^2)\Delta c$

(ヘロンの公式を使う．)

15　2変数の微分の応用—その1（極値問題）

　実際，現象の問題では，さまざまな量の極大や極小を求めることが重要となります．ここでは，これら極値問題への多変数の微分の応用を考えてみましょう．

定義と公式

2変数関数 $z=f(x, y)$ の点 (a, b) でのテイラー展開を考えます．すると，

$$f(a+h, b+k) \fallingdotseq f(a, b) + \frac{\partial f}{\partial x}(a, b)h + \frac{\partial f}{\partial y}(a, b)k$$

となり，$(x, y)=(a, b)$ が極値（(a, b) の近くで，$f(x, y) \geqq f(a, b)$ なら極小値，$f(x, y) \leqq f(a, b)$ なら極大値）ならば，

$$\frac{\partial f}{\partial x}(a, b) = \frac{\partial f}{\partial y}(a, b) = 0$$

でなければなりません．つまり，

$$\left(\frac{\partial f}{\partial x}(a, b), \frac{\partial f}{\partial y}(a, b) \right) \neq (0, 0)$$

なら，(a, b) の近くで $f(x, y)$ は $f(a, b)$ より大きい値も小さい値もとります．
　さらに2階までのテイラー展開を考えると，

$$f(a+h, b+k) \fallingdotseq f(a, b) + \frac{\partial f}{\partial x}(a, b)h + \frac{\partial f}{\partial y}(a, b)k$$
$$+ \frac{1}{2} \left(\frac{\partial^2 f}{\partial^2 x}(a, b)h^2 + 2\frac{\partial^2 f}{\partial x \partial y}(a, b)hk + \frac{\partial^2 f}{\partial y^2}(a, b)k^2 \right)$$

となり，

$$\frac{\partial f}{\partial x}(a, b) = \frac{\partial f}{\partial x}(a, b) = 0$$

のもとでは，

$$f(a+h, b+k) \fallingdotseq f(a, b) + \frac{1}{2} \left(\frac{\partial^2 f}{\partial^2 x}(a, b)h^2 + 2\frac{\partial^2 f}{\partial x \partial y}(a, b)hk + \frac{\partial^2 f}{\partial y^2}(a, b)k^2 \right)$$

となります．ここで

$$A=\frac{\partial^2 f}{\partial x^2}(a, b), \ B=\frac{\partial^2 f}{\partial x \partial y}(a, b), \ C=\frac{\partial^2 f}{\partial y^2}(a, b)$$

とおくと，

$$f(a+h, b+k)-f(a, b) \fallingdotseq g(h, k)=\frac{1}{2}(Ah^2+2Bhk+Ck^2)$$

の原点の近くでの様子で極値かどうかの判定ができます．
$AC-B^2>0$ のときには

$$g(h, k)=A\left(h+\frac{Bk}{A}\right)^2+\frac{AC-B^2}{A}k^2$$

と変形でき，$AC-B^2<0$ のときには，$g(h, k)$ は 1 次式の積に因数分解できることに注意すると以下が得られます．

公式

$\frac{\partial f}{\partial x}(a, b)=\frac{\partial f}{\partial y}(a, b)=0$ が成り立つとします．そのとき，(a, b) は

$AC-B^2>0$, $A>0$ なら極小点，

$AC-B^2>0$, $A<0$ なら極大点，

$AC-B^2<0$ なら，(a, b) で極値をとらない．

$AC-B^2=0$ なら判定できないので，工夫が必要 となります．

公式の使い方（例）

① $f(x, y)=x^2+y^2-xy$ の極値を求めましょう．

$$0=\frac{\partial f}{\partial x}=2x-y, \ 0=\frac{\partial f}{\partial y}=2y-x$$

よって，極値の候補は $(x, y)=(0, 0)$ です．また，

$$A=\frac{\partial^2 f}{\partial x^2}=2, \ B=\frac{\partial^2 f}{\partial x \partial y}=-1, \ C=\frac{\partial^2 f}{\partial y^2}=2$$

つまり,

$$A>0,\ AC-B^2>0$$

より $(0,\ 0)$ は極小値です.

② $f(x,\ y)=x^3+y^3-3xy$ の極値を求めましょう.

$$0=\frac{\partial f}{\partial x}=3x^2-3y,\ 0=\frac{\partial f}{\partial y}=3y^2-3x$$

よって極値の候補は

$$(x,\ y)=(0,\ 0),\ (1,\ 1)$$

$$A=\frac{\partial^2 f}{\partial x^2}=6x,\ B=\frac{\partial^2 f}{\partial x\partial y}=-3,\ C=\frac{\partial^2 f}{\partial y^2}=6y$$

より, $(0,\ 0)$ では $AC-B^2<0$ なので, $(0,\ 0)$ は極値ではありません. $(1,\ 1)$ は $A>0$, $AC-B^2=27>0$ より極小値です.

③ $f(x,\ y)=x^3+y^2-xy$ の極値を求めましょう.

$$0=\frac{\partial f}{\partial x}=3x^2-y,\ 0=\frac{\partial f}{\partial y}=2y-x$$

よって極値の候補は

$$(x,\ y)=(0,\ 0),\ \left(\frac{1}{6},\ \frac{1}{12}\right)$$

$$A=\frac{\partial^2 f}{\partial x^2}=6x,\ B=\frac{\partial^2 f}{\partial x\partial y}=-1,\ C=\frac{\partial^2 f}{\partial y^2}=2$$

よって $\left(\frac{1}{6},\ \frac{1}{12}\right)$ は $A>0$, $AC-B^2>0$ より極小値, $(0,\ 0)$ では $AC-B^2<0$ より極値ではありません. 実際,

$$f(x,\ 0)=x^3$$

より, $(0,\ 0)$ の近くで正にも負にもなりうることがわかります.

よって, $(0,\ 0)$ は極値ではありません.

やってみましょう

① $f(x, y) = xy + \dfrac{1}{x} + \dfrac{1}{y}$ の極値を求めましょう.

$$0 = \dfrac{\partial f}{\partial x} = y - \dfrac{1}{x^2}, \quad 0 = \dfrac{\partial f}{\partial y} = x - \dfrac{1}{y^2}$$

すなわち

$$y = \dfrac{1}{x^2}, \quad x = \dfrac{1}{y^2}$$

を解いて, 極値の候補は $(x, y) =$

$$A = \dfrac{\partial^2 f}{\partial x^2} = \qquad, \quad B = \dfrac{\partial^2 f}{\partial x \partial y} = \qquad, \quad C = \dfrac{\partial^2 f}{\partial y^2} =$$

よって, $(1, 1)$ は $A = \qquad$, $AC - B^2 = \qquad$ より $\qquad$ です.

② $f(x, y) = x^4 + y^4 - 4xy$ の極値を求めよ.

$$0 = \dfrac{\partial f}{\partial x} = 4\qquad , \quad 0 = \dfrac{\partial f}{\partial y} = 4\qquad ,$$

$y = x^3$, $x = y^3$ を解いて, 極値の候補は $(x, y) = \qquad, \qquad$ (複号同順).

$$A = \qquad, \quad B = \qquad, \quad C = \qquad$$

よって $(\pm 1, \pm 1)$ では, $A = 12 > 0$, $AC - B^2 = 128 > 0$ より, 極小値となります.
$(0, 0)$ では $AC - B^2 < 0$ なので, $(0, 0)$ は極値ではありません. 実際,

$$f(x, x) = 2x^2(x^2 - 2)$$

より直線 $y = x$ 上では, 原点の近くで負, また

$$f(x, -x) = 2x^2(x^2 + 2)$$

より直線 $y = -x$ 上では正.
よって $(0, 0)$ は極値ではありません.

練習問題

① 次の関数の極値を求めましょう．
(1) $x^2-2xy+3y^2$
(2) $e^{2x}+e^{2y}-2e^{x+y}+(x-2)^2$
(3) $x^3+y^3-3c(x+y)$ （c は実定数）
(4) x^3y+xy^3-xy

② ある店では2つの商品 X, Y を取り引きしています．商品 X, Y の原価はそれぞれ 6 万円, 8 万円で，これをそれぞれ x 万円 ($x\geq 6$), y 万円 ($y\geq 8$) の値で売ろうとしています．1 週間の売却個数は，商品 X では $400-10x$ 個，商品 Y では $600-15(x+y)$ 個と予想されています．このとき，利益が最大になる価格を決定してください．

答え

やってみましょうの答え

① 極値の候補は $(x, y)=\boxed{(1,\ 1)}$

$$A=\frac{\partial^2 f}{\partial x^2}=\boxed{\frac{2}{x^3}},\ B=\frac{\partial^2 f}{\partial x\,\partial y}=\boxed{1},\ C=\frac{\partial^2 f}{\partial y^2}=\boxed{\frac{2}{y^3}}$$

よって，$(1,\ 1)$ は $A=\boxed{2}$，$AC-B^2=\boxed{3}$ より $\boxed{極小値}$ です．

② $0=\dfrac{\partial f}{\partial x}=4\boxed{(x^3-y)}$，$0=\dfrac{\partial f}{\partial y}=4\boxed{(y^3-x)}$，

$y=x^3$，$x=y^3$ を解いて，極値の候補は $(x,\ y)=\boxed{(0,\ 0)}$，$\boxed{(\pm 1,\ \pm 1)}$（複号同順）．

$A=\boxed{12x^2}$，$B=\boxed{-4}$，$C=\boxed{12y^2}$．

練習問題の答え

① (1) $(0,\ 0)$ は極小点で，極小値 0．

(2) $(2,\ 2)$ は極小点で，極小値 0．

(3) $c\leq 0$ のとき，極値なし，

$c>0$ のとき $(\sqrt{c},\ \sqrt{c})$ は極小点，極小値で $-4c\sqrt{c}$，$(-\sqrt{c},\ -\sqrt{c})$ は極大点で，極大値 $4c\sqrt{c}$．

(4) 極値の候補は，$(\pm 1/2,\ \pm 1/2)$，$(0,\ \pm 1)$，$(\pm 1,\ 0)$，$(0,\ 0)$ の9つある（複号任意）が，このうち，$(\pm 1/2,\ \pm 1/2)$ だけが極小点で，極小値 $1/8$．

② 利益は $f(x,y)=(x-6)(400-10x)+(y-8)(600-15(x+y))=-10x^2-15xy-15y^2+580x+720y-7200$．極値の候補は $f_x=f_y=0$ より $x=\dfrac{88}{5}$，$y=\dfrac{76}{5}$．また $f_{xx}=-10$，$f_{xy}=-15=f_{yx}$，$f_{yy}=-30$ なので極大となり，利益は 3376 万円．

16 2変数の微分の応用―その2（条件つき極値問題と陰関数）

実際に現れる問題を数理モデルで定式化するとき，さまざまな条件のもとで，最大値や最小値を求める問題に帰着されることが多くあります．

ここでは，そのような条件つき極値問題とその解決に必要な陰関数について調べましょう．

定義と公式

陰関数

$g(x, y) = 0$ を満たす y が x から一意的（ただ1つ）に決まり，$y = \phi(x)$ と表せるとき $y = \phi(x)$ を陰関数といいます．

定義域を広げると一般的には陰関数は存在しませんが，存在するための条件として次のものが知られています．

$g(a, b) = 0$, $\dfrac{\partial g}{\partial y}(a, b) \neq 0$ のとき，$x = a$ の近くでは，$b = \phi(a)$ を満たす陰関数 $y = \phi(x)$ が存在し，$g(x, \phi(x)) = 0$ の両辺を x で微分することにより，

$$\phi'(x) = -\frac{\dfrac{\partial g}{\partial x}(x, \phi(x))}{\dfrac{\partial g}{\partial y}(x, \phi(x))}$$

を満たします．

同様に，$g(x, y, z) = 0$ を考え，

$$g(a, b, c) = 0, \quad \frac{\partial g}{\partial z}(a, b, c) \neq 0$$

のとき，(a, b) の近くで，$c = \psi(a, b)$ を満たす陰関数 $z = \psi(x, y)$ が一意的に定まり $g(x, y, \psi(x, y)) = 0$ を満たします．このとき，

$$z_x = \frac{-g_x}{g_z}, \quad z_y = \frac{-g_y}{g_z}$$

を満たします．

またこれより，等高面，$g(x, y, z) - C = 0$（C は実定数）上の点 (a, b, c) における等高面への接平面は

$$g_x(a,\ b,\ c)(x-a)+g_y(a,\ b,\ c)(y-b)+g_z(a,\ b,\ c)(z-c)=0$$

であることがわかります．

条件つき極値問題

次に $g(x,\ y)=0$ という条件のもとでの，$f(x,\ y)$ の極値問題を考えましょう．陰関数 $\phi(x)$ をとると，極値の必要条件として

$$\begin{aligned}0&=\frac{\mathrm{d}}{\mathrm{d}x}f(x,\ \phi(x))\\&=\frac{\partial f}{\partial x}(x,\ \phi(x))+\frac{\partial f}{\partial y}(x,\ \phi(x))\phi'(x)\\&=\frac{\partial f}{\partial x}(x,\ \phi(x))+\frac{\partial f}{\partial y}(x,\ \phi(x))\left(-\frac{\frac{\partial g}{\partial x}(x,\ \phi(x))}{\frac{\partial g}{\partial y}(x,\ \phi(x))}\right)\end{aligned}$$

がわかります．

すると，$\left(\frac{\partial f}{\partial x},\ \frac{\partial f}{\partial y}\right)$ と $\left(\frac{\partial g}{\partial x},\ \frac{\partial g}{\partial y}\right)$ は平行になり，

$$\frac{\partial f}{\partial x}+\lambda\frac{\partial g}{\partial x}=0 \quad \text{かつ} \quad \frac{\partial f}{\partial y}+\lambda\frac{\partial g}{\partial y}=0$$

となる実数 λ が存在することとなります．

これと制約条件 $g(x,y)=0$ を合わせて解けば極値の候補が得られます．極値かどうかの判定は $\frac{\mathrm{d}^2}{\mathrm{d}x^2}f(x,\ \phi(x))$ を計算すればよいのですが，かなり面倒ではあります．

また，以下のようなラグランジュの未定係数法とも同値になることに注意しましょう．

ラグランジュの未定係数法

$$L(x,\ y,\ \lambda)=f(x,\ y)+\lambda g(x,\ y)$$

を考え，この L に関する（制約条件なしの）極値問題を考えると，

$$0=\frac{\partial L}{\partial x}=\frac{\partial f}{\partial x}+\lambda\frac{\partial g}{\partial x},$$
$$0=\frac{\partial L}{\partial y}=\frac{\partial f}{\partial y}+\lambda\frac{\partial g}{\partial y},$$
$$0=\frac{\partial L}{\partial \lambda}=g(x,\ y)$$

となり，前の極値の候補を求める条件と同じになりました．これをラグランジュの未定係数法といい，λ を未定係数といいます．

公式の使い方（例）

① $x^2+y^2-1=0$ で，

(1) $(x, y)=\left(\dfrac{3}{5}, \dfrac{4}{5}\right)$ の近くの陰関数 $y=\phi(x)$ を求めましょう．また，$\phi'(x)$ を求めましょう．

(2) $(x, y)=\left(\dfrac{3}{5}, -\dfrac{4}{5}\right)$ の近くの陰関数 $y=\phi(x)$ を求めましょう．

(3) $(x, y)=(1, 0)$ の近くの陰関数 $y=\phi(x)$ は存在するでしょうか．$x=\psi(y)$ はどうでしょうか．

(1) $y=\pm\sqrt{1-x^2}$ となりますが，符号を考えて，$y=\sqrt{1-x^2}$, $x^2+y^2-1=0$ の両辺を x で偏微分して

$$2x+2y\dfrac{dy}{dx}=0 \quad \text{つまり，} \quad \dfrac{dy}{dx}=-\dfrac{x}{y}=-\dfrac{x}{\sqrt{1-x^2}}$$

(2) $y=-\sqrt{1-x^2}$

(3) $\dfrac{\partial f}{\partial y}(x^2+y^2-1)|_{x=1, y=0}=0$

より，$(x, y)=(1, 0)$ の近くでは陰関数 $y=\phi(x)$ は存在しません（グラフを描いても明らかです）．また陰関数 $x=\psi(y)$ は $x=\sqrt{1-y^2}$

② $x^2+y^2+z^2=R^2$ 上の点 (a, b, c) 上での接平面の方程式を求めましょう．

$g(x, y, z)=x^2+y^2+z^2-R^2$ とおくと，

$$g_x=2x, \quad g_y=2y, \quad g_z=2z$$

となるので，求める接平面の方程式は，

$$2a(x-a)+2b(y-b)+2c(z-c)=0$$

つまり

$$ax+by+cz=R^2$$

です．

③ 条件 $x^2+y^2-1=0$ のもとで x^2+y^2-xy の極値の候補を求め，x^2+y^2-xy の最大値，最小値を求めましょう．

ラグランジュ関数 $L(x, y, \lambda)=x^2+y^2-xy+\lambda(x^2+y^2-1)$ を考えて

$$0=\frac{\partial L}{\partial x}=2x-y+2\lambda x, \quad y=2x(\lambda+1)$$

$$0=\frac{\partial L}{\partial y}=2y-x+2\lambda y, \quad x=2y(\lambda+1)$$

$$0=\frac{\partial L}{\partial \lambda}=x^2+y^2-1$$

以上より，$4(\lambda+1)^2=1$ となり，$\lambda=-\frac{1}{2}$ または $-\frac{3}{2}$．

よって極値の候補は $(x, y)=\left(\pm\frac{1}{\sqrt{2}}, \pm\frac{1}{\sqrt{2}}\right)$（複号任意）となります．最大値，最小値は極値の候補でとられるので，具体的に調べて $(x, y)=\left(\pm\frac{1}{\sqrt{2}}, \mp\frac{1}{\sqrt{2}}\right)$（複号同順）のとき，最大値 $=\frac{3}{2}$，$(x, y)=\left(\pm\frac{1}{\sqrt{2}}, \pm\frac{1}{\sqrt{2}}\right)$（複号同順）のとき，最小値 $=\frac{1}{2}$．

やってみましょう

① $f(x, y)=x^3+y^3-3xy=0$ を考えます．
点 $(x, y)=(x_0, y_0)$ の近くで陰関数 $y=\psi(x)$ が存在しないような x_0 を求めましょう．

$$0=\frac{\partial f}{\partial y}=$$

と

$$f(x, y)=0$$

を連立させ，y の方程式

$$=0$$

を解けば，

$$y=, . \quad \text{つまり } x=, .$$

② 楕円面 $\frac{x^2}{a^2}+\frac{y^2}{b^2}+\frac{z^2}{c^2}=1$ 上の点 (x_0, y_0, z_0) での接平面の方程式を求めましょう．

$$g(x, y, z) = \frac{x^2}{a^2} + \frac{y^2}{b^2} + \frac{z^2}{c^2} - 1$$

とおくと，

$$g_x = \qquad , \quad g_y = \qquad , \quad g_z = \qquad$$

となるので，求める接平面の方程式は

$$\qquad (x-x_0) + \qquad (y-y_0) + \qquad (z-z_0) = 0$$

つまり

$$\qquad x + \qquad y + \qquad z = 1$$

となります．

③ $x^2 + y^2 - xy = 1$ のもとで，$x^2 + y^2$ の極値の候補と $x^2 + y^2$ の最大値，最小値を求めましょう．

$$L(x, y, \lambda) = \qquad + \lambda \left(\qquad \right)$$

を考えて

$$0 = \frac{\partial L}{\partial x} = \qquad ,$$

$$0 = \frac{\partial L}{\partial y} = \qquad ,$$

$$0 = \frac{\partial L}{\partial \lambda} = \qquad$$

以上より，

$$4(\lambda+1)^2 = \lambda^2$$

$$\lambda = \qquad ,$$

よって極値の候補は

$$(x, y) = (\pm 1, \pm 1), \left(\pm \frac{1}{\sqrt{3}}, \mp \frac{1}{\sqrt{3}}\right) \text{ (複号同順)}$$

最大値, 最小値は極値の候補でとられるので, 具体的に調べて $(x, y) = (\pm 1, \pm 1)$ (複号同順) のとき, 最大値 = ＿＿＿, $(x, y) = \left(\pm \frac{1}{\sqrt{3}}, \mp \frac{1}{\sqrt{3}}\right)$ (複号同順) のとき, 最小値 = ＿＿＿．

練習問題

① 次の最大・最小問題を解きましょう．
(1) $x^2 + y^2$ の $2x + y - 3 = 0$ における最小値．
(2) $2x + y$ の $2x^2 + y^2 = 1$ における最大値, 最小値．
(3) $x^2 - xy + y^2$ の $x^2 + xy + y^2 = 1$ における最大値, 最小値．
(4) y の $x^4 + y^4 = 1$ における最大値, 最小値．
(5) $x^2 + y^2$ の $(x^2 + y^2)^2 = a^2(x^2 - y^2)$ (a は正定数) における最大値, 最小値．
(6) 原点 O と, 曲線 $3x^2 - 2xy + 3y^2 = 1$ 上の点 P との距離の最大値, 最小値．
(7) 点 $(3, 1)$ と直線 $x + 2y + 4 = 0$ との最短距離．
(8) 点 $(3, 1, 1)$ と平面 $x + y + 2z + 4 = 0$ との最短距離．

② $f(x, y) = 0$ の定める点 (a, b) を通る陰関数 $y = \phi(x)$ の $\phi'(a)$, $\phi''(a)$ を求めましょう．
(1) $f(x, y) = x^2 - xy + y^2 - 1$, $(a, b) = (1, 1)$
(2) $f(x, y) = x^4 + y^4 - xy - 1$, $(a, b) = (1, 1)$
(3) $f(x, y) = -2e^{x+y} + y + x^2$, $(a, b) = (-1, 1)$

③ 曲面 $\sqrt{x} + \sqrt{y} + \sqrt{z} = \sqrt{a}$ (a は正定数) 上の点 (x_0, y_0, z_0) における接平面の方程式を求めてください．また, その接平面が各座標軸から切り取る切片の長さの和は a となることを示しましょう．

④ A 氏はある 2 つの商品 u と v とを購入しようとしています．u, v はそれぞれの商品の価値を表すとします．A 氏の満足度は, 関数

$$f(u, v) = au^a v^b \quad (0 < a, b < 1, \text{ また } a > 0 \text{ は定数})$$

で与えられていると仮定します．この形の関数をコブ・ダグラス (Cobb-Douglas) 型といいます．予算制約 $u + v = M$ ($M > 0$ は定数) のもとで A 氏の満足度を最大化してください．

答え

やってみましょうの答え

① $0 = \dfrac{\partial f}{\partial y} = \boxed{3y^2 - 3x}$, $\boxed{y^6 + y^3 - 3y^3} = 0$,

$y = \boxed{0}$, $\boxed{2^{\frac{1}{3}}}$. つまり $x = \boxed{0}$, $\boxed{2^{\frac{2}{3}}}$.

② $g_x = \boxed{\dfrac{2x}{a^2}}$, $g_y = \boxed{\dfrac{2y}{b^2}}$, $g_z = \boxed{\dfrac{2z}{c^2}}$ となるので,

$\boxed{\dfrac{x_0}{a^2}}(x - x_0) + \boxed{\dfrac{y_0}{b^2}}(y - y_0) + \boxed{\dfrac{z_0}{c^2}}(z - z_0) = 0$

つまり, $\boxed{\dfrac{x_0}{a^2}}x + \boxed{\dfrac{y_0}{b^2}}y + \boxed{\dfrac{z_0}{c^2}}z = 1$

③ $L(x, y, \lambda) = \boxed{x^2 + y^2} + \lambda(\boxed{x^2 + y^2 - xy - 1})$

$0 = \dfrac{\partial L}{\partial x} = \boxed{2x + \lambda(2x - y)}$,

$0 = \dfrac{\partial L}{\partial y} = \boxed{2y + \lambda(2y - x)}$,

$0 = \dfrac{\partial L}{\partial \lambda} = \boxed{x^2 + y^2 - xy - 1}$

$\lambda = \boxed{-\dfrac{2}{3}}$, $\boxed{-2}$

$(x, y) = (\pm 1, \pm 1)$（複号同順）のとき，最大値 $= \boxed{2}$, $(x, y) = \left(\pm \dfrac{1}{\sqrt{3}}, \mp \dfrac{1}{\sqrt{3}}\right)$（複号同順）のとき，最小値 $= \boxed{\dfrac{2}{3}}$

練習問題の答え

① (1) $\left(\dfrac{6}{5}, \dfrac{3}{5}\right)$ のとき，最小値 $\dfrac{9}{5}$.

(2) $\left(\dfrac{1}{\sqrt{3}}, \dfrac{1}{\sqrt{3}}\right)$ のとき，最大値 $\sqrt{3}$, $\left(-\dfrac{1}{\sqrt{3}}, -\dfrac{1}{\sqrt{3}}\right)$ のとき，最小値 $-\sqrt{3}$.

(3) $(\pm 1, \mp 1)$（複号同順）のとき，最大値 3, $\left(\pm \dfrac{1}{\sqrt{3}}, \pm \dfrac{1}{\sqrt{3}}\right)$（複号同順）のとき，最小値 $\dfrac{1}{3}$.

(4) $(0, 1)$ のとき最大値 1, $(0, -1)$ のとき最小値 -1.

(5) $(\pm a, 0)$ のとき，最大値 a^2, $(0, 0)$ のとき最小値 0.

(6) $\left(\pm \dfrac{1}{2}, \pm \dfrac{1}{2}\right)$（複号同順）のとき，最大値 $\dfrac{1}{\sqrt{2}}$, $\left(\pm \dfrac{1}{2\sqrt{2}}, \mp \dfrac{1}{2\sqrt{2}}\right)$（複号同順）のとき，最小値 $\dfrac{1}{2}$.

(7) $\left(\dfrac{6}{5}, -\dfrac{13}{5}\right)$ のとき，$\dfrac{9}{\sqrt{5}}$

(8) $\left(\dfrac{4}{3}, -\dfrac{2}{3}, -\dfrac{7}{3}\right)$ のとき，$\dfrac{5}{3}\sqrt{6}$

② (1) $\phi'(1) = -1$, $\phi''(1) = -6$

(2) $\phi'(1) = -1$, $\phi''(1) = -\dfrac{26}{3}$

(3) $\phi'(-1) = -4$, $\phi''(-1) = -32$

③ $\dfrac{x}{\sqrt{x_0}} + \dfrac{y}{\sqrt{y_0}} + \dfrac{z}{\sqrt{z_0}} = a$, また，各切片の長さの和は，$a\sqrt{x_0} + a\sqrt{y_0} + a\sqrt{z_0} = a^2$.

④ ラグランジュ関数を $L(u, v, \lambda) = au^a v^b + \lambda(u + v - M)$ と定めます．$\dfrac{\partial L}{\partial u} = a\,au^{a-1}v^b + \lambda = 0$, $\dfrac{\partial L}{\partial v} = a\,bu^a v^{b-1} + \lambda = 0$, $\dfrac{\partial L}{\partial \lambda} = u + v - M = 0$ より，$av = bu$, $u + v = M$. すなわち $u = \dfrac{aM}{a+b}$, $v = \dfrac{bM}{a+b}$ が f の極大を与えます．よって A 氏の最大満足度は $a\left(\dfrac{M}{a+b}\right)^{a+b} a^a b^b$.

17 重積分—その1

2変数関数の積分である重積分は，1変数関数の定積分のある意味の拡張です．応用上で必要となる場合が多く，大切な計算技法だといえます．ここでしっかりと練習しましょう．

定義と公式

重積分と累次積分

関数 $f(x, y)$ は2次元閉矩形領域 $A=\{(x, y)| a \leq x \leq b, c \leq y \leq d\}$ で連続とします．A の上での重積分 $\iint_A f(x, y) dx dy$ に対して

$$\iint_A f(x, y) dx dy = \int_a^b \left(\int_c^d f(x, y) dy \right) dx = \int_a^b dx \int_c^d f(x, y) dy$$
$$= \int_c^d \left(\int_a^b f(x, y) dx \right) dy = \int_c^d dy \int_a^b f(x, y) dx$$

> 矩形とは
> 長方形のこと

を累次積分と呼びます．

ただし，第1式の右辺は，まず y で c から d まで積分し，その次に x で a から b まで積分することを表します．同様に第2式右辺は，まず x で a から b まで積分し，その次に y で c から d まで積分することを表します．

より一般に，$A=\{(x, y)| a \leq x \leq b, g_1(x) \leq y \leq g_2(x)\}$ であるとき

$$\iint_A f(x, y) dx dy = \int_a^b dx \int_{g_1(x)}^{g_2(x)} f(x, y) dy$$

同様に，$A=\{(x, y)| c \leq y \leq d, h_1(y) \leq x \leq h_2(y)\}$ であるとき

$$\iint_A f(x, y) dx dy = \int_c^d dy \int_{h_1(y)}^{h_2(y)} f(x, y) dx$$

公式の使い方（例）

① 関数 $x^2 y + x e^{xy}$ の，領域 $A=\{0 \leq x \leq 1, 2 \leq y \leq 3\}$ の上の重積分を求めましょう．

公式より累次積分で求めます．

$$\iint_A (x^2 y + x e^{xy}) dx dy$$

$$= \int_0^1 dx \int_2^3 (x^2 y + x e^{xy}) dy = \int_0^1 \left[\frac{x^2 y^2}{2} + e^{xy} \right]_{y=2}^{y=3} dx$$

$$= \int_0^1 \left(\frac{5}{2} x^2 + (e^{3x} - e^{2x}) \right) dx = \frac{5}{6} + \frac{e^3}{3} - \frac{e^2}{2}$$

② 関数 xy^2 の，領域 $A = \{0 \leq x \leq y,\ 0 \leq y \leq 1\}$ の上の重積分を求めましょう．

公式より累次積分で求めます．

$$\iint_A x y^2 dx\, dy = \int_0^1 dy \int_0^y x y^2 dx = \int_0^1 \left[\frac{x^2 y^2}{2} \right]_{x=0}^{x=y} dy$$

$$= \int_0^1 \frac{y^4}{2} dy = \frac{1}{10}$$

やってみましょう

① 関数 $x^2 y + x e^y$ の，領域 $A = \{0 \leq x \leq y \leq 1\}$ の上の重積分を求めましょう．

領域 A は $\{0 \leq x \leq 1,\ x \leq y \leq 1\}$ と書き表すことができます．すなわち公式より

$$\iint_A (x^2 y + x e^y) dx\, dy$$

$$= \int^1 \quad \int^1 \left(\quad \right) \quad = \int_0^1 \left[\quad \right]$$

$$= \int_0^1 \left\{ \frac{x^2(1-x^2)}{2} + x(e - e^x) \right\} dx = \frac{1}{15} + \frac{e}{2} - 1 = -\frac{14}{15} + \frac{e}{2}$$

となります．

同様に，領域 A を $\{0 \leq y \leq 1,\ 0 \leq x \leq y\}$ と書き表すと，公式より

$$\iint_A (x^2 y + x e^y) dx\, dy$$

$$= \int \quad \int \quad (x^2 y + x e^y) \quad = \int_0^1 \left[\quad \right]$$

$$= \int_0^1 \left(\frac{y^4}{3} + \frac{y^2 e^y}{2} \right) dy = \frac{1}{15} + \frac{1}{2} [e^y(y^2 - 2y + 2)]_0^1$$
$$= \frac{1}{15} + \frac{1}{2} \cdot (e - 2) = -\frac{14}{15} + \frac{e}{2}$$

> 12章の公式などを利用すると速く解けます．

となり，上の答えと一致します．

② $\int_0^1 dy \int_y^1 e^{-x^2} dx$ を求めてください．

このままでは e^{-x^2} の不定積分が初等関数では表せないので求められません．そこで積分順序の変更をします．つまり，領域 $\{0 \leq y \leq 1,\ y \leq x \leq 1\}$ を $\{0 \leq x \leq 1,\ 0 \leq y \leq x\}$ と書き直し，まず x で積分してから y で積分します．

$$\int_0^1 dy \int_y^1 e^{-x^2} dx = \int_0^1 dx \int_0^x e^{-x^2} dy = \int_0^1 \qquad dx$$
$$= \frac{1}{2} \int_0^1 e^{-u} du = \frac{1}{2} \Big[\qquad \Big]_0^1 = \frac{1}{2}(-e^{-1} + 1)$$

練習問題

以下の重積分，累次積分を求めましょう．

(1) $\iint_{a \leq x \leq b,\ c \leq y \leq d} (x+y)\, dx\, dy$　(2) $\iint_{0 \leq x \leq \frac{\pi}{2},\ 0 \leq y \leq \frac{\pi}{2}} \cos(x+y)\, dx\, dy$

(3) $\iint_{0 \leq x+y \leq 1,\ x \geq 0,\ y \geq 0} x\, dx\, dy$　(4) $\iint_{x \leq y \leq 1,\ 0 \leq x \leq 1} xy\, dx\, dy$

(5) $\iint_{y^2 \leq x \leq y+2} xy\, dx\, dy$　(6) $\iint_{2 \leq x \leq 3,\ 2 \leq y \leq 3} \log(xy)\, dx\, dy$

(7) $\iint_{0 \leq x \leq 1,\ 0 \leq y \leq 1} x e^{xy}\, dx\, dy$　（まず y で積分しましょう．）

(8) $\int_0^1 dy \int_0^1 \frac{y}{(1+x^2+y^2)^2}\, dx$　(9) $\iint_{\{0 \leq y \leq 1,\ \frac{1}{3}x \leq y \leq x\} \cup \{1 \leq y \leq 3,\ y \leq x \leq 3\}} xy\, dx\, dy$

(10) $\iint_{x^2 \leq y \leq x} \frac{1}{y}\, dx\, dy$　(11) $\iint_{y \leq x \leq \sqrt{y}} \frac{1}{y}\, dx\, dy$

(12) $\iint_{x^2+y^2 \leq 1} y\, dx\, dy$

答え

やってみましょうの答え

① $\iint_A (x^2y + xe^y)\,dx\,dy$

$$= \int_0^1 \boxed{dx} \int_{\boxed{x}}^1 \left(\boxed{x^2y + xe^y}\right) \boxed{dy} = \int_0^1 \left[\boxed{\frac{x^2y^2}{2} + xe^y}\right]_{\boxed{y=x}}^{\boxed{y=1}} \boxed{dx} = -\frac{14}{15} + \frac{e}{2}$$

$\iint_A (x^2y + xe^y)\,dx\,dy$

$$= \int_{\boxed{0}}^{\boxed{1}} \boxed{dy} \int_{\boxed{0}}^{\boxed{y}} (x^2y + xe^y) \boxed{dx} = \int_0^1 \left[\boxed{\frac{x^3y}{3} + \frac{x^2 e^y}{2}}\right]_{\boxed{x=0}}^{\boxed{x=y}} \boxed{dy} = -\frac{14}{15} + \frac{e}{2}$$

② $\int_0^1 dy \int_y^1 e^{-x^2} dx = \int_0^1 dx \int_0^x e^{-x^2} dy = \int_0^1 \boxed{xe^{-x^2}} dx = \frac{1}{2}\left[\boxed{e^{-u}}\right]_0^1 = \frac{1}{2}(-e^{-1}+1)$

練習問題の答え

(1) $\dfrac{(b-a)(d-c)(a+b+c+d)}{2}$ (2) 0 (3) $\int_0^1 x\,dx \int_0^{1-x} dy = \dfrac{1}{6}$

(4) $\int_0^1 y\,dy \int_0^y x\,dx = \int_0^1 \dfrac{y^3}{2}\,dy = \dfrac{1}{8}$ (5) $\int_{-1}^2 y\,dy \int_{y^2}^{y+2} x\,dx = \dfrac{45}{8}$

(6) $2\int_2^3 \log x\,dx = 2[x\log x - x]_2^3 = 2(3\log 3 - 2\log 2 - 1)$

(7) $\int_0^1 (e^x - 1)\,dx = e - 2$ (8) $\dfrac{1}{2}\left(\dfrac{\pi}{4} - \dfrac{1}{\sqrt{2}}\tan^{-1}\left(\dfrac{1}{\sqrt{2}}\right)\right)$

(9) $\iint_{\{0\leq x\leq 3,(1/3)x\leq y\leq x\}} xy\,dx\,dy = \int_0^3 \dfrac{4}{9}x^3\,dx = 9$

(10) $\int_0^1 -\log x\,dx = -[x\log x]_0^1 + \int_0^1 dx = 1$

(11) 1

(12) 0

18 重積分―その2

重積分を計算する場合，比較的計算しやすい領域へ変数変換する技術は欠くことができません．特に，極座標変換は頻繁に用いられます．ここで，これら変数変換をしっかりと練習しましょう．

定義と公式

変数変換

$x=\varphi(u, v)$, $y=\psi(u, v)$ はともに連続偏微分可能であり，$uv-$平面の閉領域 D を，$xy-$平面の閉領域 A へと1対1に写すとします．このとき，A で連続な関数 $f(x, y)$ に対して

$$\iint_A f(x, y)\,dx\,dy = \iint_D f(\varphi(u, v), \psi(u, v))\left|\frac{\partial(\varphi, \psi)}{\partial(u, v)}\right|du\,dv$$

が成り立ちます．ここで

$$\frac{\partial(\varphi, \psi)}{\partial(u, v)} = \begin{vmatrix} \varphi_u & \psi_u \\ \varphi_v & \psi_v \end{vmatrix} = \frac{\partial \varphi}{\partial u}\frac{\partial \psi}{\partial v} - \frac{\partial \psi}{\partial u}\frac{\partial \varphi}{\partial v}$$

はヤコビアンと呼ばれます．

極座標

領域 $\{(x, y)\,|\,x^2+y^2 \leq R^2\}$ は，極座標 $x=r\cos\theta$, $y=r\sin\theta$ を用いると，$\{(r, \theta)\,|\,0\leq r \leq R,\ 0\leq\theta\leq 2\pi\}$ となります．ヤコビアンは

$$\begin{vmatrix} x_r & y_r \\ x_\theta & y_\theta \end{vmatrix} = \begin{vmatrix} \cos\theta & \sin\theta \\ -r\sin\theta & r\sin\theta \end{vmatrix} = r$$

なので，次の変数変換公式

$$\iint_{x^2+y^2\leq R^2} f(x, y)\,dx\,dy = \iint_{0\leq r\leq R,\ 0\leq\theta\leq 2\pi} f(r\cos\theta, r\sin\theta)\,r\,dr\,d\theta$$

が成り立ちます．同様に，領域 $\{(x, y)\,|\,x^2+y^2\leq R^2,\ x\geq 0,\ y\geq 0\}$ に対しては $\{(r, \theta)\,|\,0\leq r\leq R,\ 0\leq\theta\leq\frac{\pi}{2}\}$ となるので

$$\iint_{x^2+y^2\leq R^2,\ x>0,\ y>0} f(x,\ y)\,dx\,dy = \iint_{0\leq r\leq R,\ 0\leq\theta\leq\frac{\pi}{2}} f(r\cos\theta,\ r\sin\theta)\,r\,dr\,d\theta$$

が成り立ちます．

公式の使い方（例）

① 極座標変換を用いて次の重積分を求めましょう．

$$\iint_{x^2+y^2\leq 1} \frac{dx\,dy}{1+x^2+y^2}.$$

公式を用いて計算します．

$$\iint_{x^2+y^2\leq 1} \frac{dx\,dy}{1+x^2+y^2} = \iint_{0\leq r\leq 1} \frac{r\,dr\,d\theta}{1+r^2} = \int_0^1 \frac{r\,dr}{1+r^2}\int_0^{2\pi} d\theta$$
$$= \left[\frac{1}{2}\log(1+r^2)\right]_0^1 \cdot 2\pi = \pi\log 2.$$

② 極座標変換を用いて次の重積分を求めましょう．

$$\iint_{x^2+y^2\leq R^2,\ x>0,\ y>0} x^2\,dx\,dy.$$

公式を用いて計算します．

$$\iint_{x^2+y^2\leq R^2,\ x>0,\ y>0} x^2\,dx\,dy = \iint_{0\leq r\leq R,\ 0\leq\theta\leq\frac{\pi}{2}} (r\cos\theta)^2\,r\,dr\,d\theta$$
$$= \int_0^R r^3\,dr \int_0^{\frac{\pi}{2}} \cos^2\theta\,d\theta = \frac{R^4}{4}\int_0^{\frac{\pi}{2}} \frac{1+\cos 2\theta}{2}\,d\theta$$
$$= \frac{R^4}{4}\cdot\frac{\pi}{4} = \frac{\pi R^4}{16}.$$

③ 領域 $\{(x,\ y)|(x-1)^2+y^2\leq 1\}$ を極座標で表してみましょう．

極座標変換 $x=r\cos\theta,\ y=r\sin\theta$ より

$$(r\cos\theta-1)^2+(r\sin\theta)^2 = r^2-2r\cos\theta+1\leq 1,$$

すなわち

$$\{(x,\ y)|(x-1)^2+y^2\leq 1\} = \{(r,\ \theta)|0\leq r\leq 2\cos\theta,\ 0\leq\theta\leq 2\pi\}.$$

④ 適当な変数変換を用いて次の重積分を求めましょう．

$$\iint_{|x-y|\leq 1,\ |x+y|\leq 1} x^2 y^2 \mathrm{d}x\,\mathrm{d}y$$

$u=x-y,\ v=x+y$ と変換すると領域は $\{|u|\leq 1,\ |v|\leq 1\}$ となりヤコビアンは $x=\dfrac{u+v}{2}$, $y=\dfrac{-u+v}{2}$ より, $J(u,\ v)=\left|\dfrac{\partial x}{\partial u}\dfrac{\partial y}{\partial v}-\dfrac{\partial x}{\partial v}\dfrac{\partial y}{\partial u}\right|=\dfrac{1}{2}$ となる. よって

$$\text{求める重積分} = \iint_{|u|\leq 1,\ |v|\leq 1} \left(\dfrac{-u^2+v^2}{2}\right)^2 \mathrm{d}u\,\mathrm{d}v = \dfrac{8}{45}$$

やってみましょう

① 極座標変換を用いて次の重積分を求めましょう.

$$\iint_{1\leq x^2+y^2\leq 2} \dfrac{\mathrm{d}x\,\mathrm{d}y}{x^2+y^2}.$$

公式を用いて計算します.

$$\iint_{1\leq x^2+y^2\leq 2} \dfrac{\mathrm{d}x\,\mathrm{d}y}{x^2+y^2} = \iint_{1\leq r\leq \sqrt{2}} \underline{} = \int_1^{\sqrt{2}} \underline{} \int_0^{2\pi} \mathrm{d}\theta$$

$$= \Big[\underline{} \Big]_1^{\sqrt{2}} \cdot 2\pi = $$

② 半径 R の球の体積を求めましょう.

球を $x^2+y^2+z^2 \leq R^2$ とします. 対称性から半球 $\{x^2+y^2+z^2\leq R^2,\ z\geq 0\}$ の体積を求めて 2 倍します. 平面上の点 $(x,\ y)$ における高さは $z=\sqrt{R^2-x^2-y^2}$ なので, そこでの微小体積は $\sqrt{R^2-x^2-y^2}\,\mathrm{d}x\,\mathrm{d}y$ となります. これを領域 $\{x^2+y^2\leq R^2\}$ の上で積分すれば求められます. すなわち, 極座標変換を用いて

$$2\int_{x^2+y^2\leq R^2} \underline{} \mathrm{d}x\,\mathrm{d}y = 2\iint_{0\leq r\leq R,\ 0\leq \theta\leq 2\pi} \underline{} r\,\mathrm{d}r\,\mathrm{d}\theta$$

$$= 2\int_0^R \underline{} r\,\mathrm{d}r \int_0^{2\pi} \mathrm{d}\theta$$

$$= 2\cdot\dfrac{1}{3}\Big[-(R^2-r^2)^{\frac{3}{2}}\Big]_0^R = $$

となります.

③ 底面の半径 R, 高さ h の円錐の体積を求めましょう.

円錐の底面を $\{x^2+y^2 \leq R^2\}$ とし, 頂点は $(0, 0, h)$ とします. 平面上の点 (x, y) における高さ z は $z=h-\dfrac{h}{R}\sqrt{x^2+y^2}$ であることにまず注意します. これは, 頂点と原点とを通る平面で円錐を切ったときにできる3角形における比例式

$$R : h = R-\sqrt{x^2+y^2} : z$$

よりわかります. これより求める体積は, 極座標変換を用いて

$$\iint_{x^2+y^2 \leq R^2} \left(h-\dfrac{h}{R}\sqrt{x^2+y^2}\right) dx\,dy$$

$$= \iint_{0 \leq r \leq R,\ 0 \leq \theta \leq 2\pi} \qquad r\,dr\,d\theta$$

$$= \left[\dfrac{hr^2}{2}-\dfrac{hr^3}{3R}\right]_0^R \cdot 2\pi =$$

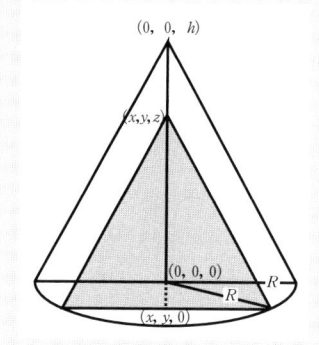

図 18.1 円錐にできる相似3角形

となります.

④ 極座標変換を用いて次の重積分を求めましょう.

$$\iint_{(x-1)^2+y^2 \leq 1} (x^2+y^2)\,dx\,dy$$

領域 $\{(x, y) | (x-1)^2+y^2 \leq 1\}$ を極座標表示すると $\{(r, \theta) | 0 \leq r \leq 2\cos\theta,\ 0 \leq \theta \leq 2\pi\}$ でした. これより

$$\iint_{(x-1)^2+y^2 \leq 1} (x^2+y^2)\,dx\,dy = \iint_{r^2 \leq 2\cos\theta,\ 0 \leq \theta \leq 2\pi} \qquad \cdot r\,dr\,d\theta$$

$$= \int_0^{2\pi} \left[\qquad\right]_{r=0}^{r=2\cos\theta} d\theta = 4\int_0^{2\pi} \cos^4\theta\,d\theta$$

$$= 16\int_0^{\frac{\pi}{2}} \cos^4\theta\,d\theta = 16 \cdot \dfrac{3 \cdot 1}{4 \cdot 2} \cdot \dfrac{\pi}{2} = 6\pi$$

となります.

練習問題

① 次の重積分を極座標変換を用いて求めてください．

(1) $\iint_{x^2+y^2\leq 1}(x^2+y^2)\,dx\,dy$ (2) $\iint_{x^2+y^2\leq R^2}e^{-(x^2+y^2)}\,dx\,dy$

(3) $\iint_{x^2+y^2\leq 1,\ x>0,\ y<x} x\,dx\,dy$ (4) $\iint_{x^2+y^2\leq 1,\ \frac{1}{\sqrt{3}}x\leq y\leq\sqrt{3}x,\ x\geq 0,\ y\geq 0} x^2\,dx\,dy$

(5) $\iint_{x^2+y^2\leq 1,\ x>0,\ y<x}\tan^{-1}\frac{y}{x}\,dx\,dy$ (6) $\iint_{x^2+y^2\leq x}\sqrt{x}\,dx\,dy$

(7) $\iint_{x^2+y^2\leq x}\sqrt{1-x^2-y^2}\,dx\,dy$ (8) $\iint_{x^2+y^2\leq x\leq y} x\,dx\,dy$

(9) $\iint_{\mathbb{R}^2}e^{-(x^2+y^2)}\,dx\,dy$ (10) $\iint_{a^2\leq x^2+y^2<2ay} x\,dx\,dy$

(11) $\iint_{x\geq 0,\ y\geq 0,\ x^2+y^2\leq a^2,\ x^2+y^2\geq ax}\sqrt{x^2+y^2}\,dx\,dy$

② 適当な変数変換を用いて次の重積分を求めなさい．

(1) $\iint_{y-x\geq 0,\ y+x\geq 0,\ y\leq 1} x\,dx\,dy$ (2) $\iint_{y-x\geq 0,\ y+x\geq 0} e^{-y}\,dx\,dy$

(3) $\iint_{\frac{x^2}{a^2}+\frac{y^2}{b^2}\leq 1} 1\,dx\,dy$ (4) $\iint_{\frac{x^2}{a^2}+\frac{y^2}{b^2}\leq 1} x^2+y^2\,dx\,dy$

(5) $\iint_{x^2\leq y,\ 2x^2\geq y,\ y^2\leq x,\ 2y^2\geq x} 1\,dx\,dy$

答え

やってみましょうの答え

① $\iint_{1\leq x^2+y^2\leq 2}\dfrac{dx\,dy}{x^2+y^2}=\iint_{1\leq r\leq\sqrt{2}}\boxed{\dfrac{r\,dr\,d\theta}{r^2}}=\int_1^{\sqrt{2}}\boxed{\dfrac{dr}{r}}\int_0^{2\pi}d\theta$

$$=\Big[\boxed{\log(r)}\Big]_1^{\sqrt{2}}\cdot 2\pi=\boxed{\pi\log 2}$$

② $2\iint_{x^2+y^2\leq R^2}\boxed{\sqrt{R^2-x^2-y^2}}\,dx\,dy=2\iint_{0\leq r\leq R,\ 0\leq\theta\leq 2\pi}\boxed{\sqrt{R^2-r^2}}\,r\,dr\,d\theta$

$$=2\int_0^R\boxed{\sqrt{R^2-r^2}}\,r\,dr\int_0^{2\pi}d\theta$$

$$=2\cdot\dfrac{1}{3}\Big[-(R^2-r^2)^{\frac{3}{2}}\Big]_0^R=\boxed{\dfrac{4}{3}\pi R^3}$$

③ $\iint_{x^2+y^2\leq R^2}\left(h-\frac{h}{R}\sqrt{x^2+y^2}\right)dx\,dy = \iint_{0\leq r\leq R,\ 0\leq\theta\leq 2\pi}\boxed{\left(h-\frac{h}{R}r\right)}r\,dr\,d\theta$

$$=\left[\frac{hr^2}{2}-\frac{hr^3}{3R}\right]_0^R\cdot 2\pi = \boxed{\frac{\pi}{3}R^2h}$$

④ $\iint_{(x-1)^2+y^2\leq 1}(x^2+y^2)dx\,dy = \iint_{r^2\leq 2\cos\theta,\ 0\leq\theta\leq 2\pi}\boxed{r^2}\cdot r\,dr\,d\theta$

$$=\int_0^{2\pi}\left[\boxed{\frac{r^4}{4}}\right]_{r=0}^{r=2\cos\theta}d\theta = 6\pi$$

練習問題の答え

① (1) $\int_0^1 r^3 dr\int_0^{2\pi}d\theta = \pi/2$

(2) $2\pi\int_0^R re^{-r^2}dr = \pi(1-e^{-R^2})$

(3) $\int_0^1 r^2 dr\int_{-\pi/2}^{\pi/4}\cos\theta\,d\theta = 1/3(1+1/\sqrt{2})$

(4) $\int_0^1 r^3 dr\int_{\pi/6}^{\pi/3}\cos^2\theta\,d\theta = (1/4)\int_{\pi/6}^{\pi/3}(1+\cos 2\theta)/2\,d\theta = \pi/48$

(5) $\int_0^1 r\,dr\int_{-\pi/2}^{\pi/4}\theta\,d\theta = -3\pi^2/64$

(6) $2\iint_{0<r\leq\cos\theta, 0\leq\theta\leq\pi/2}r^{3/2}\sqrt{\cos\theta}\,dr\,d\theta = 8/15$

(7) $2\int_{0<r\leq\cos\theta, 0\leq\theta\leq\pi/2}\sqrt{1-r^2}\,r\,dr\,d\theta = (2/5)\int_0^{\pi/2}(1-\sin^5\theta)d\theta = \frac{\pi}{5}-\frac{16}{75}$

(8) $2\int_{\pi/4}^{\pi/2}\cos\theta\,d\theta\int_0^{\cos\theta}r^2 dr = \frac{1}{3}\int_{\pi/4}^{\pi/2}((1+\cos\theta)/2)^2 d\theta = \frac{\pi}{32}-\frac{1}{12}$

(9) $\int_0^\infty re^{-r^2}dr\int_0^{2\pi}d\theta = \pi$

(10) $\iint_{a\leq r\leq 2a\sin\theta}r\cos\theta\,r\,dr\,d\theta = 2\int_{\pi/6}^{\pi/2}((8a^3\sin^3\theta)-a^3)/3\,d\theta = -2a^3\pi/9+5a^3/4$

(11) $\int_0^{\pi/2}d\theta\int_{a\cos\theta}^a r^2 dr = \pi a^3/6 - a^3/9$

② (1) 0 (2) $\iint_{u\geq 0, v\geq 0}e^{-(u+v)/2}(1/2)du\,dv = 2$

(3) $\iint_{u^2+v^2\leq 1}1|ab|du\,dv = \pi|ab|$

(4) $\iint_{u^2+v^2\leq 1}(a^2u^2+b^2v^2)|ab|du\,dv = \pi/4(a^2+b^2)|ab|$

(5) $\iint_{1\leq u\leq 2, 1\leq v\leq 2}3u^2v^2 du\,dv = 49/3$ ($u=y/x^2$, $v=x/y^2$)

19 面積，体積，曲線の長さ

　面積，体積，曲線の長さについては，すでに出てきたのですが，ここでまとめて練習しましょう．

定義と公式

　曲線 $y=f(x)$ $(a \leq x \leq b)$（ただし $f(x) \geq 0$）と x 軸で囲まれた部分の面積は

$$\int_a^b f(x)\,\mathrm{d}x$$

で表されます．

　曲線 $y=f(x)$ と曲線 $y=g(x)$ で囲まれた部分の面積 $(a \leq x \leq b)$（ただし $f(x) \geq g(x)$）は，

$$\int_a^b (f(x)-g(x))\,\mathrm{d}x$$

で表されます．もし大小関係を仮定しなければ

$$\int_a^b |f(x)-g(x)|\,\mathrm{d}x$$

となります．

　立体において x 軸に垂直な平面による切り口の面積を $S(x)$ とするとき，この立体の $(a \leq x \leq b)$ の部分の体積は

$$\int_a^b S(x)\,\mathrm{d}x$$

です．

　曲線 $y=f(x)$ $(a \leq x \leq b)$ を x 軸のまわりに回転して得られる立体（回転体）の体積は，

$$\pi \int_a^b f(x)^2\,\mathrm{d}x$$

です．

　曲線 $y=f(x)$ $(a \leq x \leq b)$ の長さは，

$$\int_a^b \sqrt{1+f'(x)^2}\,\mathrm{d}x$$

になります．

　媒介変数表示 $x=\phi(t)$, $y=\psi(t)$ $(a \leq t \leq \beta)$ で表された平面曲線の長さは，

$$\int_\alpha^\beta \sqrt{\phi'(t)^2+\psi'(t)^2}\,dt$$

媒介変数表示 $x=\phi(t)$, $y=\psi(t)$, $z=\varepsilon(t)$ $(\alpha\leqq t\leqq\beta)$ で表された空間曲線の長さは，

$$\int_\alpha^\beta \sqrt{\phi'(t)^2+\psi'(t)^2+\varepsilon'(t)^2}\,dt$$

で表されます．

2次元領域 D の面積は，

$$\iint_D dx\,dy$$

となります．

また，2次元領域 D 上の関数（曲面） $z=f(x, y)$, $(x, y)\in D$ を上面，D を底面とする柱状立体，つまり，$\{(x, y, z)|0\leqq z\leqq f(x, y), (x, y)\in D\}$ の体積は，

$$\iint_D f(x, y)\,dx\,dy$$

で表されます．ただし，$f(x, y)\geqq 0$ とします．

上の立体の上面の表面積は，

$$\iint_D \sqrt{1+f_x^2+f_y^2}\,dx\,dy$$

です．

公式の使い方（例）

① $y=x$ と $y=x^2$ で囲まれた部分の面積を求めましょう．

交点は $(0, 0)$ と $(1, 1)$ で $0\leqq x\leqq 1$ で $x^2\leqq x$ より，求める面積

$$\int_0^1 (x-x^2)\,dx = \left[\frac{x^2}{2}-\frac{x^3}{3}\right]_0^1 = \frac{1}{6}$$

となります．

② $y=\cos x$, $y=\sin x$, $x=0$, $x=\dfrac{\pi}{2}$ で囲まれた部分の面積は，

$$\int_0^{\frac{\pi}{2}} |\cos x-\sin x|\,dx = \int_0^{\frac{\pi}{4}}(\cos x-\sin x)\,dx + \int_{\frac{\pi}{4}}^{\frac{\pi}{2}}(\sin x-\cos x)\,dx$$
$$= \left[\sin x\right]_0^{\frac{\pi}{4}} + \left[\cos x\right]_0^{\frac{\pi}{4}} + \left[-\cos x\right]_{\frac{\pi}{4}}^{\frac{\pi}{2}} - \left[\cos x\right]_{\frac{\pi}{4}}^{\frac{\pi}{2}} = 2(\sqrt{2}-1)$$

となります．

別解

$$\int_0^{\frac{\pi}{2}} |\cos x - \sin x| \, dx = \int_0^{\frac{\pi}{2}} \sqrt{2} \left|\sin\left(x - \frac{\pi}{4}\right)\right| dx$$

$$= \int_{-\frac{\pi}{4}}^{\frac{\pi}{4}} \sqrt{2} |\sin u| \, du = 2\sqrt{2} \int_0^{\frac{\pi}{4}} \sin u \, du = 2(\sqrt{2} - 1)$$

③ $y = e^x \, (0 \leq x \leq 1)$ を x 軸の周りに回転してできる立体の体積 V を求めましょう.

$$V = \pi \int_0^1 (e^x)^2 \, dx = \frac{\pi}{2}(e^2 - 1)$$

④ 曲線 $y = \cosh x \, (0 \leq x \leq 1)$ の長さ l を求めましょう.

$$l = \int_0^1 \sqrt{1 + \left(\frac{d}{dx}\cosh x\right)^2} \, dx$$

$$= \int_0^1 \cosh x \, dx$$

$$= \frac{e - e^{-1}}{2}$$

⑤ 媒介変数表示 $x = a\sin^3 t$, $y = a\cos^3 t$, $(0 \leq t \leq 2\pi)$ で表された曲線の全長 l は,

$$x'(t) = -3a\cos^2 t \sin t, \quad y'(t) = 3a\sin^2 t \cos t$$

より

$$l = \int_0^{2\pi} \sqrt{(-3a\cos^2 t \sin t)^2 + (3a\sin^2 t \cos t)^2} \, dt$$

$$= \int_0^{2\pi} 3|a| \sqrt{\sin^2 t \cos^2 t} \, dt$$

$$= 3|a| \int_0^{2\pi} |\sin t \cos t| \, dt = \frac{3|a|}{2} \int_0^{2\pi} |\sin 2t| \, dt$$

よって

$$l = \frac{3|a|}{2} \int_0^{2\pi} |\sin 2t| \, dt$$

$$= \frac{3|a|}{2} \int_0^{4\pi} |\sin u| \frac{du}{2}$$

$$= 8 \frac{3|a|}{4} \int_0^{\frac{\pi}{2}} \sin u \, du = 6|a|$$

となります.

⑥ 楕円 $2x^2 - 2xy + y^2 = 1$ で囲まれた部分の面積 S を求めましょう.

$$S = \iint_{2x^2 - 2xy + y^2 \leq 1} 1 \, dx \, dy = \iint_{x - \sqrt{1-x^2} \leq y \leq x + \sqrt{1-x^2}} 1 \, dx \, dy$$

$$= \int_{-1}^{1} dx \int_{x-\sqrt{1-x^2}}^{x+\sqrt{1+x^2}} dy = 2\int_{-1}^{1}\sqrt{1-x^2}\,dx = \pi$$

⑦ $\{(x, y, z) | 0 \leq x \leq 1, 0 \leq y \leq 1, 0 \leq z \leq xy\}$ の体積 V を求めましょう．

$$V = \iint_{0 \leq x \leq 1,\ 0 \leq y \leq 1} xy\,dx\,dy = \int_0^1 x\,dx \int_0^1 y\,dy = \frac{1}{4}$$

⑧ 半径 R の球の表面積 S を求めましょう．

半球 $z = \sqrt{R^2-x^2-y^2}$ $(x^2+y^2 \leq R^2)$ の表面積を求めて 2 倍すればよいので

$$S = 2\iint_{x^2+y^2 \leq R^2} \sqrt{1+(z_x)^2+(z_y)^2}\,dx\,dy$$

$$= 2\iint_{x^2+y^2 \leq R^2} \frac{R}{\sqrt{R^2-x^2-y^2}}\,dx\,dy$$

$$= 2\iint_{0 \leq r \leq R,\ 0 \leq \theta \leq 2\pi} \frac{rR}{\sqrt{R^2-r^2}}\,dr\,d\theta$$

$$= 2R\pi \int_0^{R^2} \frac{1}{\sqrt{u}}\,du = 4\pi R^2$$

やってみましょう

① $y = a(x-\alpha)(x-\beta),\ (\alpha < \beta)$ と x 軸で囲まれた部分の面積 S と $y = x^2-3x-1$ と $y = -x^2-4x+1$ で囲まれた部分の面積 S_1 を求めましょう．

$$S = \int_\alpha^\beta |a(x-\alpha)(x-\beta)|\,dx$$

$\alpha \leq x \leq \beta$ では，$(x-\alpha) \geq 0$, $(x-\beta) \leq 0$ なので，$(x-\alpha)(x-\beta) \leq 0$ です．

$$= -|a|\int_\alpha^\beta (x-\alpha)(x-\beta)\,dx$$

$$= -|a|\int_\alpha^\beta (x-\alpha)(x-\alpha-\beta+\alpha)\,dx$$

$$= -|a|\int_\alpha^\beta (x-\alpha)^2 + (-\beta+\alpha)(x-\alpha)\,dx$$

$$= -|a|\left\{\Big[\qquad\Big]_\alpha^\beta + (-\beta+\alpha)\Big[\qquad\Big]_\alpha^\beta\right\} = \frac{|a|(\beta-\alpha)^3}{}$$

$$S_1 = \int_{\alpha_1}^{\beta_1} |(x^2-3x-1)-(-x^2-4x+1)|\,dx$$

$$= \int_{\alpha_1}^{\beta_1} |\qquad\qquad|\,dx$$

$$= \int_{\alpha_1}^{\beta_1} 2|(x-\alpha_1)(x-\beta_1)|\,dx$$

(ただし，α_1, β_1 は $2x^2+x-2 = 0$ の 2 解)

S の求め方より,
$$S_1 = \frac{2(\beta_1 - \alpha_1)^3}{ }$$

α_1, β_1 は $2x^2 + x - 2 = 0$ の2解なので, $\alpha_1 + \beta_1 = -\frac{1}{2}$, $\alpha_1 \beta_1 = -1$.

よって
$$|\beta_1 - \alpha_1| = \sqrt{(\beta_1 - \alpha_1)^2} = \sqrt{\left(\frac{1}{2}\right)^2 - 4\alpha_1\beta_1} =$$

ゆえに
$$S_1 =$$

となります.

② $x = \sqrt{y}$ $(0 \leq y \leq 2)$ を y 軸の回りに回転してできる立体の体積 V, x 軸の回りに回転してできる立体の体積 V_1 を求めましょう.

$$V = \pi \int_0^2 (\quad)^2 dy =$$

$$V_1 = \pi \int_0^{\sqrt{2}} (\quad)^2 dx =$$

③ $\int \sqrt{x^2 + A}\, dx = \frac{1}{2}(x\sqrt{x^2 + A} + A \log|x + \sqrt{x^2 + A}|)$ を示し, $y = x^2$ $(0 \leq x \leq 1)$ の長さ l を求めましょう.

$$\frac{d}{dx}\left(\frac{1}{2}\right)(x\sqrt{x^2 + A} + A\log|x + \sqrt{x^2 + A}|)$$
$$= \frac{1}{2}\left((\quad)'\sqrt{x^2 + A} + x(\quad)' + A(\log|x + \sqrt{x^2 + A}|)'\right)$$
$$= \frac{1}{2}\left(\sqrt{x^2 + A} + x\frac{2x}{2\sqrt{x^2 + A}} + A\frac{1 + \frac{2x}{2\sqrt{x^2 + A}}}{x + \sqrt{x^2 + A}}\right)$$
$$= \frac{1}{2}\left(\sqrt{x^2 + A} + \frac{x^2 + A}{\sqrt{x^2 + A}}\right)$$
$$= \sqrt{x^2 + A}$$

$$l = \int_0^1 \sqrt{1 + ((x^2)')^2}\, dx$$

$$\boxed{\frac{1 + \frac{2x}{2\sqrt{x^2+A}}}{x + \sqrt{x^2 + A}} = \frac{\frac{\sqrt{x^2+A}+x}{\sqrt{x^2+A}}}{x+\sqrt{x^2+A}}}$$

$$= \int_0^1 \sqrt{}\, dx$$

$$= 2\int_0^1 \sqrt{ + }\, dx$$

$$= 2\cdot\frac{1}{2}\left[x\sqrt{x^2+} + ()\log|x+\sqrt{x^2+}|\right]_0^1$$

$$=$$

④ サイクロイド（円を直線上に転がしたときに円上の１点によってできる曲線）$x=a(t-\sin t)\, y=a(1-\cos t)\,(0\leqq t\leqq 2\pi)$ の長さ l を求めましょう．

$$x'(t)=a(1-\cos t),\ y'(t)=a\sin t$$

よって

$$l=\int_0^{2\pi}\sqrt{()^2+()^2}\, dt = \int_0^{2\pi}\sqrt{2}\,|a|\sqrt{1-}\, dt$$

$$= 2|a|\int_0^{2\pi}\left|\sin\frac{t}{2}\right| dt = 2|a|\int_0^{\pi}|\sin u|(2\,du)$$

$$= 4|a|\int_0^{\pi}\, du =$$

⑤ $\{(x,\ y,\ z)\,|\,0\leqq x\leqq y\leqq 1,\ 0\leqq z\leqq xy\}$ の体積 V を求めます．

$$V = \iint \, dx\, dy = \int \, dy \int \, dx$$

$$= \int \, dy =$$

⑥ $y=f(x)\,(a\leqq x\leqq b)$ を x 軸の回りに回転してできる立体の表面積 S を求めましょう．ただし，$f(x)\geqq 0$ とします．

まず２つの円の部分の面積は $\pi((f(a))^2+(f(b))^2)$，それ以外の表面積は曲面の z 軸の上方にある部分，$z=\sqrt{f(x)^2-y^2}\,(a\leqq x\leqq b,\ -f(x)\leqq y\leqq f(x))$ から，

$$S' = 2\iint_{a\leqq x\leqq b,\,-f(x)\leqq y\leqq f(x)}\sqrt{1+z_x^2+z_y^2}\, dx\, dy$$

$$= 2\int_a^b dx \int_{-f(x)}^{f(x)} f(x) \frac{1}{\sqrt{}} dy$$

$$= 2\pi \int_a^b f(x) \, dx$$

です．ここで

$$\int_{-a}^{a} \frac{1}{\sqrt{a^2-y^2}} dy = \left[\sin^{-1}\left(\frac{y}{a}\right)\right]_{-a}^{a} = \pi$$

を用いました．

練習問題

以下を求めましょう．

① $y=2x^2$ と直線 $y=x+1$ で囲まれる部分の面積．

② $\int_\alpha^\beta (x-\alpha)(x-\beta)^2 dx$ を計算したうえで，$y=x^3-2x$ とその $(1,-1)$ における接線で囲まれた部分の面積．

③ $0 \leq y \leq \cosh x$，$0 \leq x \leq 1$ で表された部分の面積．

④ $y=\cosh x$ $(0 \leq x \leq 1)$ を x 軸の回りに回転してできる立体の体積．

⑤ $y=\log x$ $(1 \leq x \leq e)$ を x 軸の回りに回転してできる立体の体積．また，y 軸の回りに回転してできる立体の体積．

⑥ $\dfrac{x}{3}+\dfrac{y}{4}+\dfrac{z}{5} \leq 1$，$x \geq 0$，$y \geq 0$，$z \geq 0$ で囲まれた部分の体積．

⑦ $0 \leq z \leq x^2+y^2$，$x \geq 0$，$y \geq 0$，$x+y \leq 1$ で囲まれた部分の体積．

⑧ $0 \leq z \leq x^2+y^2$，$x^2+y^2 \leq 1$ で囲まれた部分の体積．

⑨ $y=\log|\cos x|$ $\left(0 \leq x \leq \dfrac{\pi}{6}\right)$ の長さ．

⑩ 2つの円柱面 $x^2+y^2=r^2$，$x^2+z^2=r^2$，$x=0$，$y=0$，$z=0$ で囲まれた部分の体積．

⑪ 円柱 $x^2+y^2 \leq rx$ $(r>0)$ と球 $x^2+y^2+z^2 \leq r^2$，$x \geq 0$，$y \geq 0$，$z \geq 0$ の表面のうち，球面にある部分の表面積．

⑫ 曲線 $y=x^{\frac{3}{2}}$ $(0 \leq x \leq 4)$ の長さ．

⑬ 曲線 $(x=a(\cos t+t\sin t),\ y=a(\sin t-t\cos t))$ $(0 \leq t \leq 2\pi)$ の全長．

⑭ 空間曲線 $\left(x=t,\ y=\dfrac{\sqrt{6}\,t^2}{2},\ z=t^3\right)$ $(0 \leq t \leq a)$ の長さ．

⑮ 空間曲線（渦巻き）$(x=a\cos t,\ y=a\sin t,\ z=bt)$ $(0 \leq t \leq a)$ の長さ．

答え

やってみましょうの答え

① $S=-|a|\left\{\left[\dfrac{(x-\alpha)^3}{3}\right]_\alpha^\beta+(-\beta+\alpha)\left[\dfrac{(x-\alpha)^2}{2}\right]_\alpha^\beta\right\}=\dfrac{|a|(\beta-\alpha)^3}{6}$

$S_1=\displaystyle\int_{\alpha_1}^{\beta_1}|2x^2+x-2|\,dx$, $S_1=\dfrac{2(\beta_1-\alpha_1)^3}{6}$

$|\beta_1-\alpha_1|=\dfrac{\sqrt{7}}{2}$, $S_1=\dfrac{17\sqrt{7}}{24}$

② $V=\pi\displaystyle\int_0^2(\sqrt{y})^2\,dy=2\pi$, $V_1=\pi\displaystyle\int_0^{\sqrt{2}}(x^2)^2\,dx=\dfrac{4\sqrt{2}}{5}\pi$

③ $\dfrac{d}{dx}\left(\dfrac{1}{2}\right)(x\sqrt{x^2+A}+A\log|x+\sqrt{x^2+A}|)$

$=\dfrac{1}{2}\left((x)'\sqrt{x^2+A}+x(\sqrt{x^2+A})'+A(\log|x+\sqrt{x^2+A}|)'\right)=\sqrt{x^2+A}$

$l=\displaystyle\int_0^1\sqrt{1+((x^2)')^2}\,dx=\int_0^1\sqrt{1+4x^2}\,dx=2\int_0^1\sqrt{\dfrac{1}{4}+x^2}\,dx$

$=2\cdot\dfrac{1}{2}\left[x\sqrt{x^2+\dfrac{1}{4}}+\left(\dfrac{1}{4}\right)\log\left|x+\sqrt{x^2+\dfrac{1}{4}}\right|\right]_0^1=\dfrac{\sqrt{5}}{2}+\dfrac{1}{4}\log2+\sqrt{5}$

④ $l=\displaystyle\int_0^{2\pi}\sqrt{a(1-\cos t)^2+(a\sin t)^2}\,dt=\int_0^{2\pi}\sqrt{2}|a|\sqrt{1-\cos t}\,dt$

$=4|a|\displaystyle\int_0^\pi \sin u\,du=8|a|$

⑤ $V=\displaystyle\iint_{0\le x\le y\le 1}xy\,dx\,dy=\int_0^1 y\,dy\int_0^y x\,dx=\int_0^1 y\left(\dfrac{y^2}{2}\right)dy=\dfrac{1}{8}$

⑥ $S'=2\displaystyle\int_a^b dx\int_{-f(x)}^{f(x)}f(x)\sqrt{1+(f'(x))^2}\dfrac{1}{\sqrt{f(x)^2-y^2}}\,dy=2\pi\int_a^b f(x)\sqrt{1+(f'(x))^2}\,dx$

練習問題の答え

① $9/16$　② $(\beta-\alpha)^4/12$, $27/4$　③ $(e-e^{-1})/2$　④ $(e^2-e^{-2}+4)\pi/8$

⑤ $(e-2)\pi$, $(e^2-1)\pi/2$　⑥ 10　⑦ $1/3$　⑧ $\pi/2$　⑨ $\dfrac{1}{2}\log 3$　⑩ $2r^3/3$

⑪ $2r^2(\pi-2)$　⑫ $8/27(10\sqrt{10}-1)$　⑬ $2a\pi^2$　⑭ a^3+a　⑮ $a\sqrt{a^2+b^2}$

20　ガンマ関数・ベータ関数

　ガンマ関数およびベータ関数は，応用のうえで大変重要な関数たちです．より進んだ教科書で扱われることが多いのですが，この段階で覚えておけば後で有利になります．ここで基本的な事柄をまとめて練習しましょう．

定義と公式

定義

　$s>0$, $t>0$ に対して，ガンマ関数 $\Gamma(s)$，ベータ関数 $B(s, t)$ は次のように定められます．

$$\Gamma(s)=\int_0^\infty x^{s-1}\mathrm{e}^{-x}\mathrm{d}x$$

$$B(s, t)=\int_0^1 x^{s-1}(1-x)^{t-1}\mathrm{d}x$$

> 第11章の練習問題を参照してください．

$s>0$, $t>0$ の条件は，広義積分が収束するための条件です．

基本的性質－その1

$$\Gamma(1)=1, \quad \Gamma(s+1)=s\Gamma(s), \quad \Gamma(n)=(n-1)! \quad (n\in\boldsymbol{N})$$

これらの性質は，次のように示すことができます．

$$\Gamma(1)=\int_0^\infty \mathrm{e}^{-x}\mathrm{d}x=[-\mathrm{e}^{-x}]_0^\infty=1$$

$$\Gamma(s+1)=\int_0^\infty x^s(-\mathrm{e}^{-x})'\mathrm{d}x=[x^s(-\mathrm{e}^{-x})]_0^\infty+\int_0^\infty sx^{s-1}\mathrm{e}^{-x}\mathrm{d}x=s\Gamma(s)$$

$$\Gamma(n+1)=n\Gamma(n)=n(n-1)\Gamma(n-1)=\cdots=n(n-1)!\Gamma(1)=n!$$

基本的性質－その2

$$B(s, t)=B(t, s)=\frac{\Gamma(s)\Gamma(t)}{\Gamma(s+t)}, \quad \Gamma\left(\frac{1}{2}\right)=\sqrt{\pi}$$

これらの性質は，以下のように示すことができます．まずベータ関数の定義において

$$x=\sin^2\theta$$

と変数変換します．

$x=0$ のとき $\theta=0$

$x=1$ のとき $\theta=\dfrac{\pi}{2}$

$\dfrac{\mathrm{d}x}{\mathrm{d}\theta}=2\sin\theta\cos\theta$

なので
$$\begin{aligned}B(s,\ t)&=\int_0^1 x^{s-1}(1-x)^{t-1}\mathrm{d}x\\&=\int_0^{\frac{\pi}{2}}\sin^{2(s-1)}\theta\cos^{2(t-1)}\theta\cdot 2\sin\theta\cos\theta\,\mathrm{d}\theta\\&=2\int_0^{\frac{\pi}{2}}\sin^{2s-1}\theta\cos^{2t-1}\theta\,\mathrm{d}\theta\end{aligned}$$

となります．この結果は，ベータ関数の表現公式の1つです．次に $\Gamma(s)\Gamma(t)$ を計算します．
$$\begin{aligned}\Gamma(s)\Gamma(t)&=\int_0^\infty x^{s-1}\mathrm{e}^{-x}\mathrm{d}x\int_0^\infty y^{t-1}\mathrm{e}^{-y}\mathrm{d}y\\&=4\int_0^\infty u^{2s-1}\mathrm{e}^{-u^2}\mathrm{d}u\int_0^\infty v^{2t-1}\mathrm{e}^{-v^2}\mathrm{d}v\\&=4\iint_{\{u>0,v>0\}}u^{2s-1}v^{2t-1}\mathrm{e}^{-(u^2+v^2)}\mathrm{d}u\,\mathrm{d}v\end{aligned}$$

ただし，$\Gamma(s)$ の定義において変数変換 $x=u^\alpha\ (\alpha\neq 0)$ を行った結果の公式

$$\Gamma(s)=\alpha\int_0^\infty u^{\alpha s-1}\mathrm{e}^{-u^\alpha}\mathrm{d}u$$

を用いました．さて，極座標への変数変換

$$u=r\cos\theta,\ v=r\sin\theta$$

を用いると
$$\begin{aligned}\Gamma(s)\Gamma(t)&=4\iint_{\{0<r<\infty,0<\theta<\frac{\pi}{2}\}}(r\cos\theta)^{2s-1}(r\sin\theta)^{2t-1}\mathrm{e}^{-r^2}r\,\mathrm{d}r\,\mathrm{d}\theta\\&=2\int_0^\infty r^{2(s+t)-1}\mathrm{e}^{-r^2}\mathrm{d}r\cdot 2\int_0^{\frac{\pi}{2}}\sin^{2t-1}\theta\cos^{2s-1}\theta\,\mathrm{d}\theta\\&=\Gamma(s+t)B(t,\ s)\end{aligned}$$

となり，恒等式

$$B(s,\ t)=B(t,\ s)=\dfrac{\Gamma(s)\Gamma(t)}{\Gamma(s+t)}$$

が示されました．これから特に

$$\Gamma\!\left(\dfrac{1}{2}\right)^2=\dfrac{\Gamma\!\left(\dfrac{1}{2}\right)\Gamma\!\left(\dfrac{1}{2}\right)}{1}=\dfrac{\Gamma\!\left(\dfrac{1}{2}\right)\Gamma\!\left(\dfrac{1}{2}\right)}{\Gamma(1)}$$

$$= B\left(\frac{1}{2},\ \frac{1}{2}\right)$$

$$= 2\int_0^{\frac{\pi}{2}} \sin^0\theta \cos^0\theta\, d\theta = 2\cdot\frac{\pi}{2} = \pi$$

したがって

$$\Gamma\left(\frac{1}{2}\right) = \sqrt{\pi}$$

となるのです．

公式の使い方（例）

① 次の値を求めましょう．

$$\Gamma(4),\quad \Gamma\left(\frac{7}{2}\right),\quad B(3,\ 4),\quad B\left(\frac{3}{2},\ \frac{7}{2}\right)$$

定義に従って計算します．

$$\Gamma(4) = 3! = 6$$

$$\Gamma\left(\frac{7}{2}\right) = \frac{5}{2}\Gamma\left(\frac{5}{2}\right) = \frac{5}{2}\cdot\frac{3}{2}\frac{1}{2}\Gamma\left(\frac{1}{2}\right) = \frac{15}{2^3}\sqrt{\pi}$$

$$B(3,\ 4) = \frac{\Gamma(3)\Gamma(4)}{\Gamma(3+4)} = \frac{2!\,3!}{6!}$$

$$B\left(\frac{3}{2},\ \frac{7}{2}\right) = \frac{\Gamma\left(\frac{3}{2}\right)\Gamma\left(\frac{7}{2}\right)}{\Gamma\left(\frac{3}{2}+\frac{7}{2}\right)}$$

$$= \frac{\frac{1}{2}\Gamma\left(\frac{1}{2}\right)\cdot\frac{15}{2^3}\sqrt{\pi}}{\Gamma(5)} = \frac{\frac{1}{2}\sqrt{\pi}\cdot\frac{15}{2^3}\sqrt{\pi}}{4!} = \frac{15\,\pi}{2^4\,4!}$$

② ガンマ関数，ベータ関数を用いて次の定積分を計算しましょう．

$$\int_0^\infty x^4 e^{-x}\,dx,\quad \int_0^\infty x^5 e^{-2x}\,dx,\quad \int_0^1 x^3(1-x)^4\,dx.$$

定義に従い，さらには簡単な変数変換を行い計算します．

$$\int_0^\infty x^4 e^{-x} dx = \Gamma(5) = 4! = 24$$

$$\int_0^\infty x^5 e^{-2x} dx = \int_0^\infty \left(\frac{u}{2}\right)^5 e^{-u} \frac{du}{2} = \frac{1}{2^6} \Gamma(6) = \frac{5!}{2^6} \quad \left(x = \frac{u}{2}\right)$$

$$\int_0^1 x^3(1-x)^4 dx = B(4, 5) = \frac{\Gamma(4)\Gamma(5)}{\Gamma(9)} = \frac{3!\,4!}{8!}$$

③　ガンマ関数・ベータ関数を用いて次の定積分を計算しましょう．

$$\int_0^{\frac{\pi}{2}} \sin^6\theta \, d\theta, \quad \int_0^{\frac{\pi}{2}} \sin^2\theta \cos^6\theta \, d\theta, \quad \int_0^\pi \sin^3\theta \, d\theta, \quad \int_0^{2\pi} \sin^6\theta \cos^4\theta \, d\theta.$$

ベータ関数とガンマ関数の公式を用いて計算します．

$$\int_0^{\frac{\pi}{2}} \sin^6\theta \, d\theta = \frac{1}{2} B\left(\frac{7}{2}, \frac{1}{2}\right) = \frac{1}{2} \cdot \frac{\Gamma\left(\frac{7}{2}\right)\Gamma\left(\frac{1}{2}\right)}{\Gamma(4)} = \frac{1}{2} \cdot \frac{15\pi}{2^3 3!} = \frac{5\pi}{2^5}$$

$$\int_0^{\frac{\pi}{2}} \sin^2\theta \cos^6\theta \, d\theta = \frac{1}{2} B\left(\frac{3}{2}, \frac{7}{2}\right) = \frac{1}{2} \cdot \frac{\Gamma\left(\frac{3}{2}\right)\Gamma\left(\frac{7}{2}\right)}{\Gamma(5)} = \frac{15}{2^4 4!} \pi$$

$$\int_0^\pi \sin^3\theta \, d\theta = 2\int_0^{\frac{\pi}{2}} \sin^3\theta \, d\theta = B\left(2, \frac{1}{2}\right) = \frac{\Gamma(2)\Gamma\left(\frac{1}{2}\right)}{\Gamma\left(\frac{5}{2}\right)} = \frac{4}{3}$$

$$\int_0^{2\pi} \sin^6\theta \cos^4\theta \, d\theta = 4\int_0^{\frac{\pi}{2}} \sin^6\theta \cos^4\theta \, d\theta = 2B\left(\frac{7}{2}, \frac{5}{2}\right) = 2 \cdot \frac{\Gamma\left(\frac{7}{2}\right)\Gamma\left(\frac{5}{2}\right)}{\Gamma(6)}$$
$$= \frac{3\pi}{2^7}$$

補足ですが

$$\int_0^\pi \cos^3\theta \, d\theta = 0$$

であることに注意しておきます．

やってみましょう

① ガンマ関数を用いて，次の定積分を計算しましょう．

$$\int_0^\infty u^4 e^{-u^2} du$$

変数変換 $u^2=x$ を行います．$u=\sqrt{x}$, $du=\boxed{}dx$ なので

$$\int_0^\infty u^4 e^{-u^2} du = \int_0^\infty (\sqrt{x})^4 e^{-x} \frac{du}{dx}dx = \frac{1}{2}\int_0^\infty \boxed{} dx = \frac{1}{2}\Gamma\left(\boxed{}\right)$$

$$= \frac{1}{2} \cdot \boxed{} \cdot \sqrt{\pi} = \boxed{}\sqrt{\pi}$$

となります．

② ガンマ関数を用いて，次の定積分を計算しましょう．

$$\int_{-\infty}^{+\infty} e^{-tx^2} dx \quad (t>0)$$

まず対称性から

$$\int_{-\infty}^{+\infty} e^{-tx^2} dx = 2\int_0^\infty e^{-tx^2} dx$$

であることに注意します．変数変換 $u=tx^2$ を行うと，$x=\sqrt{\dfrac{u}{t}}$, $dx=\boxed{}du$ なので

$$\int_{-\infty}^{+\infty} e^{-tx^2} dx = 2\int_0^\infty e^{-u}\frac{dx}{du}du$$

$$= 2\boxed{}\int_0^\infty e^{-u} u \boxed{} du = \boxed{}\Gamma\left(\boxed{}\right) = \boxed{}$$

となります．この結果はガウスの公式としてよく知られています．

練習問題

ガンマ関数，ベータ関数を用いて次の積分の値を求めましょう．

① $\int_0^{\frac{\pi}{2}} \sin^6\theta \, d\theta$ ② $\int_0^{\frac{\pi}{2}} \cos^6\theta \, d\theta$ ③ $\int_0^{\frac{\pi}{2}} \sin^6\theta \cos^4\theta \, d\theta$ ④ $\int_0^{\pi} \sin^6\theta \, d\theta$

⑤ $\int_0^{\pi} \cos^5\theta \, d\theta$ ⑥ $\int_0^{2\pi} \sin^4\theta \cos^6\theta \, d\theta$ ⑦ $\int_0^{+\infty} x^3 e^{-2x} \, dx$ ⑧ $\int_0^{+\infty} x^3 e^{-2x} \, dx$

⑨ $\int_{-\infty}^{+\infty} x^4 e^{-x^2} \, dx$ ⑩ $\int_{-\infty}^{+\infty} x^4 e^{-(\frac{1}{2})x^2} \, dx$ ⑪ $\int_0^1 \log^3 x \, dx$ ($\log x = t$ とおく)

⑫ $\int_0^{+\infty} \frac{x^3}{(1+x)^7} \, dx$ $\left(\frac{1}{1+x} = u \text{ とおく}\right)$ ⑬ $\int_0^{+\infty} \frac{1}{(1+x^2)^6} \, dx$ ($\tan\theta = x$ とおく)

答え

やってみましょうの答え

① $u = \sqrt{x}$, $du = \boxed{\dfrac{1}{2\sqrt{x}}} dx$ なので

$\int_0^{\infty} u^4 e^{-u^2} du = \dfrac{1}{2} \int_0^{\infty} \boxed{x^{\frac{3}{2}} e^{-x}} dx = \dfrac{1}{2} \Gamma\left(\boxed{\dfrac{5}{2}}\right) = \dfrac{1}{2} \cdot \boxed{\dfrac{3}{2} \cdot \dfrac{1}{2}} \cdot \sqrt{\pi} = \boxed{\dfrac{3}{8}} \sqrt{\pi}$

② $x = \sqrt{\dfrac{u}{t}}$, $dx = \boxed{\dfrac{1}{2\sqrt{tu}}} du$ なので

$\int_{-\infty}^{+\infty} e^{-tx^2} dx = 2 \boxed{\dfrac{1}{2\sqrt{t}}} \int_0^{\infty} e^{-u} u^{\boxed{-\frac{1}{2}}} du = \boxed{\dfrac{1}{\sqrt{t}}} \Gamma\left(\dfrac{1}{2}\right) = \boxed{\sqrt{\dfrac{\pi}{t}}}$

練習問題の答え

① $\left(\dfrac{1}{2}\right) B\left(\dfrac{7}{2}, \dfrac{1}{2}\right) = \dfrac{\frac{5}{2} \cdot \frac{3}{2} \cdot \frac{1}{2} \pi}{2 \cdot 3!}$ ② ①と同じ ③ $\left(\dfrac{1}{2}\right) B\left(\dfrac{7}{2}, \dfrac{5}{2}\right) = \dfrac{3\pi}{2^9}$

④ $2 \cdot \dfrac{\frac{5}{2} \cdot \frac{3}{2} \cdot \frac{1}{2} \pi}{2 \cdot 3!}$ ⑤ 0 ⑥ $4 \cdot \dfrac{3\pi}{2^9}$ ⑦ $\Gamma(4) = 3! = 6$

⑧ $2x = u$ とおくと,$\int_0^{\infty} \left(\dfrac{u}{2}\right)^3 e^{-u} \left(\dfrac{1}{2}\right) du = \left(\dfrac{1}{2}\right)^4 \Gamma(4) = \dfrac{3}{8}$

⑨ $x^2 = u$ とおくと,$2\int_0^{\infty} x^4 e^{-x^2} dx = 2\int_0^{\infty} u^2 e^{-u} \left(\dfrac{1}{2}\right) u^{-\frac{1}{2}} du = \Gamma\left(\dfrac{5}{2}\right) = \left(\dfrac{3}{4}\right)\sqrt{\pi}$

⑩ $\left(\dfrac{1}{2}\right) x^2 = u$ とおくと,$2\int_0^{\infty} x^4 e^{-\frac{1}{2}x^2} dx = 2\int_0^{\infty} (2u)^2 e^{-u} \sqrt{2} \left(\dfrac{1}{2}\right) u^{-1/2} du = 4\sqrt{2}\, \Gamma\left(\dfrac{5}{2}\right) = 3\sqrt{2\pi}$

⑪ $\int_{-\infty}^{0} t^3 e^t dt = -\Gamma(4) = -6$

⑫ $u = \dfrac{1}{(1+x)}$ とおくと,$\int_1^0 \left(\dfrac{1}{u} - 1\right)^3 u^7 \left(\dfrac{-1}{u^2}\right) du = \int_0^1 u^2 (1-u)^3 du = B(3, 4) = \dfrac{1}{60}$

⑬ $\int_0^{\infty} \dfrac{1}{(1+x^2)^6} dx = \int_0^{\frac{\pi}{2}} \dfrac{1}{(1+\tan^2\theta)^6} \dfrac{d\theta}{\cos^2\theta} = \int_0^{\pi/2} \cos^{10}\theta = \left(\dfrac{1}{2}\right) B\left(\dfrac{1}{2}, \dfrac{11}{2}\right) = \dfrac{9 \cdot 7 \cdot 5 \cdot 3 \pi}{2^6 5!}$

21 数列の復習

ここでは，数列の復習と発展的な事項を学びましょう．

定義と公式

数列 a_n が

$$a_{n+1} = a_n + d$$

を満たすとき，a_n を等差数列，d を等差数列 a_n の公差と呼びます．

このとき，

$$a_n = a_1 + (n-1)d = a_0 + nd \quad （一般項）$$

$$\sum 等差数列 = \frac{(初項 + 末項)}{2} \times 項数$$

が成立します．

$$b_{n+1} = r b_n$$

を満たすとき，b_n を等比数列，r を等比数列 b_n の公比と呼びます．

このとき，

$$b_n = b_1 r^{n-1} = b_0 r^n \quad （一般項）$$

$$\sum 等比数列 = \frac{初項 - 末項 \times 公比}{1 - 公比}$$

が成立します．

$$\sum^{\infty} 等比数列 = \begin{cases} \dfrac{初項}{1-公比} & |公比|<1 のとき \\ 発散 & |公比| \geq 1 のとき \end{cases} \quad （無限等比級数）$$

後の例をみてもわかるように，和の公式は言葉で覚えるほうが教科書にある公式より間違いが少なくなることに注意しましょう．

$b_k = a_{k+1} - a_k$ を a_k の階差数列と呼びます．このとき，

$$a_n = a_1 + \sum_{k=1}^{n} b_k = a_0 + \sum_{k=1}^{n-1} b_k$$

が成立します．

同様なのですが少し異なる書き方をすると，

$$\sum_{k=1}^{n}(f(k+1)-f(k))=f(n+1)-f(1),$$

$$\sum_{k=l}^{n}(f(k+1)-f(k))=f(n+1)-f(l)$$

$$(1+x)^n = {}_nC_0 + {}_nC_1 x + \cdots + {}_nC_n x^n \ (\text{2項展開})$$

$$\sum_{k=1}^{n}(\alpha a_k + \beta b_k) = \alpha \sum_{k=1}^{n} a_k + \beta \sum_{k=1}^{n} b_k \quad (\alpha,\ \beta \in \mathbf{R})$$

$$\sum_{k=1}^{n} c = cn, \quad \sum_{k=0}^{n} c = c(n+1) \quad (c \in \mathbf{R})$$

$$\sum_{k=1}^{n} k = \frac{n(n+1)}{2}, \quad \sum_{k=1}^{n} k^2 = \frac{n(n+1)(2n+1)}{6},$$

$$\sum_{k=1}^{n} k^3 = \left(\frac{n(n+1)}{2}\right)^2$$

公式の使い方（例）

以下を求めましょう．

① $n \geq 20$ のとき，$\sum_{k=20}^{n}(3k+1)$

数列は公差 3 の等差数列で，初項（総和の最初の項）＝61，末項（総和の最後の項）＝$3n+1$，項数＝$n-20+1=n-19$，よって

$$\frac{(3n+62)(n-19)}{2}$$

② $n \geq 20$ のとき，$\sum_{k=20}^{n} 5 \cdot 3^k$

数列は公比 3 の等比数列で，初項（総和の最初の項）＝$5 \cdot 3^{20}$，末項（総和の最後の項）×公比＝$5 \cdot 3^{n+1}$，よって

$$\frac{5 \cdot 3^{20} - 5 \cdot 3^{n+1}}{1-3}$$

③ $\sum_{k=10}^{\infty} \left(\frac{1}{3}\right)^k$ と $\sum_{k=10}^{\infty} 3^k$ を求めましょう．

$$\sum_{k=10}^{\infty}\left(\frac{1}{3}\right)^k=\frac{\left(\frac{1}{3}\right)^{10}}{1-\frac{1}{3}}=\frac{1}{2}\cdot\left(\frac{1}{3}\right)^9$$

後者の公比 $=3>1$ なので，$\sum_{k=10}^{\infty}3^k$ は発散します．

④　$a_k=\frac{k(k-1)}{2}$ のとき，$\sum_{k=1}^{n}a_k$ を求めます(ただし，$b_k=\frac{k(k-1)(k-2)}{6}$ とおいたとき，$b_{k+1}-b_k=a_k$ となることを使ってください)．

a_k は b_k の階差数列なので，

$$b_{n+1}=b_1+\sum_{k=1}^{n}a_k$$

よって

$$\sum_{k=1}^{n}a_k=b_{n+1}-b_1=\frac{(n+1)n(n-1)}{6}$$

これを用いて $\sum_{k=1}^{n}k^2=\sum_{k=1}^{n}k(k-1)+\sum_{k=1}^{n}k=\frac{(n+1)n(n-1)}{3}+\frac{n(n+1)}{2}=\frac{n(n+1)(2n+1)}{6}$

がわかります．

⑤　$\sum_{k=0}^{n}{}_nC_k$

2 項展開で $x=1$ を代入して

$$\sum_{k=0}^{n}{}_nC_k=(1+1)^n=2^n$$

となります．

やってみましょう

①　$\sum_{k=1}^{n}\frac{k(k-1)(k-2)}{6}$ を求めましょう．

$$\frac{(k+1)k(k-1)(k-2)}{24}-\frac{(k-1)(k-2)(k-3)}{24}=\frac{k(k-1)(k-2)}{6}$$

したがって

$$\sum_{k=1}^{n}\frac{k(k-1)(k-2)}{6}=\sum_{k=1}^{n}\boxed{}$$

$$=\frac{(n+1)n(n-1)(n-2)}{24}$$

② $\sum_{k=1}^{n}\dfrac{k^4+k^3+1}{k^2+k}$ を求めましょう．

まず k^4+k^3+1 を k^2+k で割って，

$$k^4+k^3+1=k^2+\frac{1}{k(k+1)}$$

また，

$$\frac{1}{k(k+1)}=\frac{1}{k}-\frac{1}{k+1}$$

よって

$$\sum_{k=1}^{n}\frac{k^4+k^3+1}{k^2+k}=\sum_{k=1}^{n}\boxed{}+\sum_{k=1}^{n}\boxed{}$$

$$=\boxed{}+\boxed{}$$

③ $\sum_{k=0}^{\infty}x^k(|x|<1)$ を求め，両辺を微分することにより，$\sum_{k=0}^{\infty}kx^{k-1}$ を求めてください．

|公比|$=|x|<1$ より，

$$\sum_{k=0}^{\infty}x^k=\boxed{}$$

両辺を x で微分して，

$$\sum_{k=0}^{\infty}kx^{k-1}=\boxed{}$$

④ $\sum_{k=0}^{n}{}_n\mathrm{C}_k x^k=(1+x)^n$ の両辺を x で微分して，$\sum_{k=0}^{n}k\,{}_n\mathrm{C}_k 2^{k-1}$ を求めてください．

$$\frac{d}{dx}\sum_{k=0}^{n}{}_nC_k x^k = \frac{d}{dx}(1+x)^n$$

より

$$\sum_{k=1}^{n} k\,{}_nC_k x^{k-1} =$$

$x=2$ を代入して，

$$\sum_{k=0}^{n} k\,{}_nC_k 2^{k-1} =$$

練習問題

以下を求めてください．

(1) $\sum_{k=1}^{n}(3k+k^3+3^k)$ (2) $\sum_{k=5}^{\infty}\left(\frac{1}{6}\right)^{k-2}$

(3) $\sum_{k=1}^{n}\dfrac{1}{k(k+1)(k+2)}$ (4) $\sum_{k=1}^{n} k \cdot k!$ （$((k+1)!-k!$ を考えましょう）

(5) $\sum_{k=1}^{n}\dfrac{k}{(k+1)!}$ (6) $\sum_{k=0}^{n}(-1)^k {}_nC_k$

(7) $\sum_{k=1}^{n} k(k-1)\,{}_nC_k$ (8) $\sum_{k=3}^{\infty} k\left(\frac{1}{3}\right)^k$ (9) $\sum_{k=1}^{n} k x^{k-1}$

(10) $\sum_{k=1}^{n} k(k-1) x^{k-2}$

答え

やってみましょうの答え

① $\sum_{k=1}^{n} \dfrac{k(k-1)(k-2)}{6} = \sum_{k=1}^{n} \left[\dfrac{(k+1)k(k-1)(k-2)}{24} - \dfrac{(k-1)(k-2)(k-3)}{24} \right]$

$\qquad = \dfrac{(n+1)n(n-1)(n-2)}{24}$

② $\sum_{k=1}^{n} \dfrac{k^4+k^3+1}{k^2+k} = \sum_{k=1}^{n} \boxed{k^2} + \sum_{k=1}^{n} \left(\dfrac{1}{k} - \dfrac{1}{k+1} \right) = \dfrac{n(n+1)(2n+1)}{6} + \left(1 - \dfrac{1}{n+1} \right)$

③ $|x|<1$ より,$\sum_{k=0}^{\infty} x^k = \boxed{\dfrac{1}{1-x}}$

両辺を x で微分して,$\sum_{k=1}^{\infty} kx^{k-1} = \boxed{\dfrac{1}{(1-x)^2}}$

④ $\sum_{k=0}^{n} k\,_nC_k\, x^{k-1} = \boxed{n(1+x)^{n-1}}$,$x=2$ を代入して,$\sum_{k=0}^{n} k\,_nC_k\, 2^{k-1} = \boxed{n\, 3^{n-1}}$

練習問題の答え

(1) $\left(\dfrac{1}{4}\right) n(n+1)(n^2+n+6) + \left(\dfrac{3}{2}\right)(3^n - 1)$

(2) $\dfrac{1}{180}$ (3) $\dfrac{1}{2}\left(\dfrac{1}{2} - \dfrac{1}{((n+1)(n+2))} \right)$

(4) $(n+1)! - 1$ (5) $1 - \dfrac{1}{(n+1)!}$ (6) 0 (7) $n(n-1)2^{n-2}$

(8) $\dfrac{7}{36}$ (9) $\dfrac{(1-(n+1)x^n + nx^{n+1})}{(1-x)^2}$

(10) ((9)の答えを微分して)

$\dfrac{(-n(n+1)x^{n+1} + n(n+1)x^n)(1-x)^2 - (1-(n+1)x^n + nx^{n+1})(-2)(1-x)}{(1-x)^4}$

22　数列の求め方

ここでは，差分方程式（漸化式）を解いてみましょう．

定義と公式

$$a_{n+1} = r a_n, \quad a_0 = a$$

の解は，等比数列　$a_n = a r^n$．

$$a_{n+1} - r a_n = f(n), \quad a_0 = a$$

の解は，同じ差分方程式（$b_{n+1} - r b_n = f(n)$）を満たす b_n（特殊解）を1つ具体的に求めて，辺辺引いて $f(n)$ を消去し，

$$(a_{n+1} - b_{n+1}) - r(a_n - b_n) = 0$$

となり，

$$a_n - b_n = (a_0 - b_0) r^n$$

より，

$$a_n = b_n + (a_0 - b_0) r^n$$

と求めます．b_n の求め方は以下の例題でみてみましょう．

$$a_{n+2} + A a_{n+1} + B a_n = 0, \quad a_0 = C, \quad a_1 = D \quad (A, B, C, D \text{ は実定数})$$

の解は以下のように求めます．特性方程式

$$t^2 + At + B = 0$$

の解 (α, β) が重解ではないとき，つまり，$A^2 - 4B \neq 0$ のとき，$a_n = E\alpha^n + F\beta^n$ となる定数 E, F が存在するので，初期条件

$$a_0 = C, \quad a_1 = D$$

より，E, F を C, D で表します．

特性方程式

$$t^2 + At + B = 0$$

の解が重解 (α) のとき，つまり，$A^2 - 4B = 0$ のとき，$a_n = (En+F)\alpha^n$ となる定数 E, F が存在するので，初期条件

$$a_0 = C, \ a_1 = D$$

より，E, F を C, D で表します．

$a_{n+2} + Aa_{n+1} + Ba_n = f(n)$, $a_0 = C$, $a_1 = D$ （A, B, C, D は実定数）の解は特殊解 $b_{n+2} + Ab_{n+1} + Bb_n = f(n)$ を1つ求めて，辺辺引くと重解でない場合，

$$a_n = b_n + E\alpha^n + F\beta^n,$$

重解の場合

$$a_n = b_n + (En+F)\alpha^n$$

となる定数 E, F が存在するので，初期条件 $a_0 = C$, $a_1 = D$ より，E, F を C, D で表します．

公式の使い方（例）

以下を満たす数列をそれぞれ求めてください．

① $a_{n+1} = 3a_n$, $a_0 = 2$

等比数列なので，

$$a_n = 2 \cdot 3^n$$

となります．

② $a_{n+1} = 3a_n + 4$, $a_0 = 2$

この場合，特殊解は定数 C なので $C = 3C + 4$ を解いて $C = -2$．
$a_n = -2 + D3^n$, $a_0 = 2$ より，$D = 4$，よって

$$a_n = -2 + 4 \cdot 3^n$$

です．

③ $a_{n+1} = 3a_n + n^2$, $a_0 = 2$

この場合，特殊解 b_n は2次式なので，$b_n = Cn^2 + Dn + E$ とおいて

$$C(n+1)^2 + D(n+1) + E = 3(Cn^2 + Dn + E) + n^2$$

となります．このような C, D, E は

$$C = D = E = -\frac{1}{2}$$

$$a_n = -\frac{1}{2}(n^2+n+1) + F3^n$$

とおけるので，$F = \frac{5}{2}$，つまり，

$$a_n = -\frac{1}{2}(n^2+n+1) + \frac{5}{2}3^n$$

となります．

④ $a_{n+2} - 5a_{n+1} + 6a_n = 0$, $a_0 = 5$, $a_1 = 12$

特性方程式は，$t^2 - 5t + 6 = 0$ となりこの解は 2, 3 となります．
よって

$$a_n = C2^n + D3^n$$

とおくことができて，$a_0 = 5$, $a_1 = 12$ より，$C = 3$, $D = 2$ ということがわかります．よって

$$a_n = 3 \cdot 2^n + 2 \cdot 3^n$$

となります．

⑤ $a_{n+2} - 5a_{n+1} + 6a_n = 2$, $a_0 = 5$, $a_1 = 12$

特殊解は，定数 C にとれるので，$C - 5C + 6C = 2$ を解いて $C = 1$ とわかります．

$$a_n = 1 + D2^n + E3^n$$

とおくことができます．$a_0 = 5$, $a_1 = 12$ より，$D = 1$, $E = 3$, つまり，

$$a_n = 1 + 2^n + 3^{n+1}$$

となります．

やってみましょう

以下の数列をそれぞれ求めてください．

① $a_{n+1} - 2a_n = 3^n$, $a_0 = 3$

特殊解は $b_n = C3^n$ とおけると推察できます．

$$C3^{n+1} - 2 \cdot 3^n = 3^n$$

より，$C =$

$a_n = 3^n + D2^n$ とおくことができ，$a_0 = 3$ より，$D =$ 　　　．よって

$$a_n =$$

となります．

② $a_{n+2} - 2a_{n+1} - 3a_n = 8n$, $a_0 = 7$, $a_1 = -1$

特殊解は $b_n = Cn + D$ とおけます．すると，

$$(C(n+2) + D) - 2(C(n+1) + D) - 3(Cn + D) = 8n$$

これより，$C =$ 　　　，$D =$ 　　　．つまり，

$$a_n = -2n + E3^n + F(-1)^n$$

とおくことができます．

$a_0 = 7$, $a_1 = -1$ より，$E =$ 　　　，$F =$ 　　　．よって

$$a_n =$$

となります．

③ $a_{n+2} - 4a_{n+1} + 4a_n = 3^n$, $a_0 = 2$, $a_1 = 11$

特殊解は $b_n = C3^n$ ととれます．

$$C3^{n+2} - 4C3^{n+1} + 4C3^n = 3^n$$

より，$C =$

$$a_n = 3^n + (En + F)2^n$$

とおくことができ，$a_0 = 2$, $a_1 = 11$ より，$E =$ 　　　，$F =$ 　　　，つまり，

$a_n =$

となります．

練習問題

① 以下の数列をそれぞれ求めてください．

(1) $a_{n+1} - 5a_n = 0$, $a_0 = 3$　(2) $a_{n+1} - 5a_n = 4$, $a_0 = 3$

(3) $a_{n+1} - 5a_n = 4n + 1$, $a_0 = 3$　(4) $a_{n+1} - 5a_n = 5^n$, $a_0 = 3$ (特殊解は $Cn5^n$)

(5) $a_{n+2} - a_{n+1} - 6a_n = 0$, $a_0 = 5$, $a_1 = 10$

(6) $a_{n+2} - a_{n+1} - 6a_n = 6n$, $a_0 = -\dfrac{1}{6}$, $a_1 = \dfrac{5}{6}$

(7) $a_{n+2} + 2a_{n+1} - 3a_n = 0$, $a_0 = 6$, $a_1 = 10$

(8) $a_{n+2} + 2a_{n+1} - 3a_n = 5 \cdot 2^n$, $a_0 = 5$, $a_1 = 10$

(9) $a_{n+2} + 2a_{n+1} - 3a_n = -8n - 6$, $a_0 = 2$, $a_1 = -3$

(10) $a_{n+2} - a_{n+1} - a_n = 0$, $a_0 = 0$, $a_1 = 1$

(11) $a_{n+3} - 4a_{n+2} + a_{n+1} + 6a_n = 0$, $a_0 = -2$, $a_1 = 3$, $a_2 = 3$

(12) $a_{n+3} - 4a_{n+2} + a_{n+1} + 6a_n = 8$, $a_0 = 2$, $a_1 = 9$, $a_2 = 13$

② （ギャンブラーの破産問題）

所持金 x でギャンブルを始めるギャンブラーは所持金が目標金額 $N(>x)$ になるか，または，所持金が 0（破産）でギャンブルをやめるとします．また，1 回 1 回のギャンブルで所持金が 1 増える確率 $=p$，1 減る確率 $=q=1-p$ とします．このとき，破産する確率を $h(x)$ とおくと，$h(x)$ は次の差分方程式を満たします．

$h(x) = ph(x+1) + qh(x-1)$, $(0 < x < N)$

$h(0) = 1$, $h(N) = 0$

(1) $p = \dfrac{1}{2}$ のとき，$h(x)$ を求めましょう．

(2) $p \neq \dfrac{1}{2}$ のとき，$h(x)$ を求めましょう．

答え

やってみましょうの答え

① $C= \boxed{1}$
  $D= \boxed{2}$ $a_n = \boxed{3^n + 2^{n+1}}$

② $C= \boxed{-2}$, $D= \boxed{0}$
  $E= \boxed{2}$, $F= \boxed{5}$. よって
  $$a_n = \boxed{-2n + 2\cdot 3^n + 5(-1)^n}$$

③ $C= \boxed{1}$
  $E= \boxed{3}$, $F= \boxed{1}$
つまり,
  $$a_n = \boxed{3^n + (3n+1)2^n}$$

練習問題の答え

① (1) $a_n = 3\cdot 5^n$ (2) $a_n = -1 + 4\cdot 5^n$ (3) $a_n = -n - \dfrac{1}{2} + \left(\dfrac{7}{2}\right)5^n$

  (4) $a_n = (5n+3)5^n$ (5) $a_n = 4\cdot 3^n + (-2)^n$

  (6) $a_n = -n - \dfrac{1}{6} + \left(\dfrac{2}{5}\right)3^n + \left(-\dfrac{2}{5}\right)(-2)^n$

  (7) $a_n = -(-3)^n + 7$ (8) $a_n = 2^n - (-3)^n + 5$ (9) $a_n = -n^2 + (-3)^n + 1$

  (10) $a_n = \dfrac{(\alpha^n - \beta^n)}{(\alpha - \beta)}$, ここで α, β は $t^2 - t - 1 = 0$ の2解

  (11) $a_n = 3^n - 2^n - 2(-1)^n$ (12) $a_n = 2 + 3^n + 2^n - 2(-1)^n$

② (1) $h(x) = \dfrac{(N-x)}{N}$

  (2) $h(x) = \dfrac{(q/p)^N - (q/p)^x}{(q/p)^N - 1}$

23 基本的な常微分方程式

$\dfrac{dx}{dt}$ を含む, $x=x(t)$ の方程式を x の常微分方程式といい, 数学の自然科学, 社会科学への応用としてとても大事なものです. しっかり, 練習しておきましょう.

定義と公式

$$f(x)\dfrac{dx}{dt}=g(t) \text{ （変数分離形）}$$

の形のものは

$$\int f(x)dx = \int g(t)dt \text{ と初期条件}$$

で解きます. 特に

$$\dfrac{dx}{dt}=ax, \quad x(0)=C$$

の解は

$$x(t)=Ce^{at}$$

です. 次に, 非斉次方程式

$$\dfrac{dx}{dt}-ax=f(t), \quad x(0)=C$$

の解は, 以下の手順で求められます.

特殊解 $x_0(t)$ $\left(\text{つまり } \dfrac{dx_0}{dt}-ax_0=f(t) \text{ を満たす}\right)$

を求め,

$$x(t)=x_0(t)+De^{at}$$

で初期条件を満たすように D を C で表したものが解となります.

$$\frac{d^2x}{dt^2}+A\frac{dx}{dt}+Bx=0, \ x(0)=C, \ x'(0)=D \qquad (A, B, C, D \text{ は実定数})$$

の解は，特性方程式 $\lambda^2+A\lambda+B=0$ の解が2実解 α, β のときは，

$$x(t)=Ee^{\alpha t}+Fe^{\beta t}$$

重解 α のとき，

$$x(t)=(Et+F)e^{\alpha t}$$

2複素数解 $\alpha=\delta+i\varepsilon, \ \beta=\delta-i\varepsilon \ (\delta, \varepsilon \in \mathbf{R})$ のときには

$$x(t)=Ee^{\delta t}\sin \varepsilon t+Fe^{\delta t}\cos \varepsilon t$$

オイラーの公式 $\cos\theta+i\sin\theta=e^{i\theta}, \ e^a(\cos\theta+i\sin\theta)=e^{a+i\theta}$
を用いれば，上の分類のうち，特性方程式の解が2実解の場合と2複素数解の場合の2つは統一することができます．

公式の使い方（例）

以下の常微分方程式を解きましょう．

① $x^2\dfrac{dx}{dt}=t^3, \ x(0)=1$

$$\int x^2 dx = \int t^3 dt$$

より，

$$\frac{x^3}{3}=\frac{t^4}{4}+C$$

$x(0)=1$ より，$C=\dfrac{1}{3}$. よって解は，

$$x(t)=\left(\frac{3}{4}t^4+1\right)^{\frac{1}{3}}$$

② $\dfrac{dx}{dt}=3x, \ x(0)=2$

$$\int \frac{dx}{x}=\int 3 dt$$

より，

$$\log|x|=3t+C, \text{ つまり，} x=\pm e^C e^{3t}$$

$x(0)=2$ より，$\pm e^C=2$ となり，解は

$$x(t) = 2e^{3t}$$

③ $\dfrac{dx}{dt} - 3x = 9t^2$, $x(0) = 2$

まず，特殊解 $x_0(t)$ は，2次式の形で求めてみます．つまり，

$$x_0(t) = at^2 + bt + c$$

とおけるので，特殊解 $x_0(t)$ を求める方程式 $\dfrac{dx_0}{dt} - 3x_0 = f(t)$ を用いて

$$2at + b - 3(at^2 + bt + c) = 9t^2$$

これより，

$$a + 3 = 0, \ 2a - 3b = 0, \ b - 3c = 0$$

すなわち

$$a = -3, \ b = -2, \ c = -\dfrac{2}{3}$$

そこで，

$$x(t) = -3t^2 - 2t - \dfrac{2}{3} + de^{3t}$$

で初期条件 $x(0) = 2$ を満たすような d を求めます．すると，$d = \dfrac{8}{3}$ となります．よって解は

$$x(t) = -3t^2 - 2t - \dfrac{2}{3} + \dfrac{8}{3}e^{3t}$$

別解

両辺に e^{-3t} を掛けます．
$$e^{-3t}\left(\dfrac{dx}{dt} - 3x\right) \text{が}$$

積の微分より，
$\dfrac{d}{dt}(xe^{-3t}) = \dfrac{dx}{dt}e^{-3t} + x(-3)e^{-3t} = e^{-3t}\left(\dfrac{dx}{dt} - 3x\right)$ であることに注意すれば

$$\dfrac{d}{dt}(xe^{-3t}) = 9t^2 e^{-3t},$$

両辺を t で 0 から t まで定積分して

$$xe^{-3t} - x(0) = \int_0^t 9s^2 e^{-3s} ds = e^{-3t}\left(-3t^2 - 2t - \frac{2}{3}\right) + \frac{2}{3}$$

よって解は

$$x(t) = -3t^2 - 2t - \frac{2}{3} + \frac{8}{3}e^{3t}$$

④ $\dfrac{d^2x}{d^2t} - 5\dfrac{dx}{dt} + 6x = 0,\ x(0) = 2,\ x'(0) = 3$

特性方程式は $\lambda^2 - 5\lambda + 6 = 0$ で解は 2 と 3 です. よって,

$$x(t) = Ce^{3t} + De^{2t}$$

を考えます. 初期条件を代入して

$$x(0) = C + D = 2,\ x'(0) = 3C + 2D = 3,$$

よって
$C = -1,\ D = 3$

つまり解は,

$$x(t) = -e^{3t} + 3e^{2t}$$

⑤ $\dfrac{d^2x}{dt^2} - 5\dfrac{dx}{dt} + 6x = e^{-t},\ x(0) = 2,\ x'(0) = 3$

特殊解 $x_0(t) = Ce^{-t}$ とおけるので,

$$Ce^{-t} + 5Ce^{-t} + 6Ce^{-t} = e^{-t}$$

よって

$$C = \frac{1}{12}$$

つまり,

$x(t) = \dfrac{1}{12}e^{-t} + De^{3t} + Ee^{2t}$ とおけます. 初期条件を代入して

$$x(0) = \frac{1}{12} + D + E = 2,\ x'(0) = -\frac{1}{12} + 3D + 2E = 3$$

より，

$$D = -\frac{3}{4}, \quad E = \frac{8}{3}$$

よって解は，

$$x(t) = \frac{1}{12}e^{-t} - \frac{3}{4}e^{3t} + \frac{8}{3}e^{2t}$$

やってみましょう

次の常微分方程式を解きましょう．

① $y \sin x + \cos x \dfrac{dy}{dx} = 0, \quad y(0) = 1$

変数分離形として解くことができます．

$$\frac{1}{y}\frac{dy}{dx} = -\frac{\sin x}{\cos x}$$

と変形ができますので，

$$\int \quad \frac{dy}{dx}dx = -\int \qquad dx$$

$$\qquad = \qquad\qquad + C, \quad y = \pm e^{C}$$

$y(0) = 1$ より，解は $y(x) = \qquad$ となります．

② $\dfrac{dx}{dt} + 2x = e^{-3t}, \quad x(0) = 2$

まず，特殊解 $x_0(t)$ を，$x_0(t) = Ce^{-3t}$ の形として求めてみます．
まず

$$\frac{dx_0}{dt} =$$

ですから，

$$\boxed{} + 2\boxed{} = e^{-3t}$$

が成り立ちます．

これより，$C = \boxed{}$ です．

そこで，$x(t) = \boxed{} + D$

を考えます．

$x(0) = 2$ より，$D = \boxed{}$．

よって解は，

$$x(t) = \boxed{}$$

となります．

別解

両辺に e^{2t} を掛けます．積の微分より，

$$\frac{d}{dt}(xe^{2t}) = e^{2t}e^{-3t} = e^{-t}$$

両辺を t で 0 から t まで定積分して

$$xe^{2t} - x(0) = \int_0^t \boxed{}\, ds = \boxed{}$$

よって

$$x(t) = \boxed{}$$

③ $\dfrac{d^2 x}{dt^2} - 6\dfrac{dx}{dt} + 25x = 0, \quad x(0) = 2, \quad x'(0) = 2$

特性方程式は

$$\boxed{} = 0$$

よって，$\lambda = \boxed{} \pm \boxed{}\, i$

特性方程式の解が，2 複素数解の場合にあたり，

$$x(t) = C\boxed{} + D\boxed{}$$

とおけます．

$$2=x(0)=D, \quad 2=x'(0)=3D+4C$$

となります．より，

$$C=\quad, \quad D=$$

よって解は

$$x(t)=$$

④ $\dfrac{d^2x}{dt^2}-6\dfrac{dx}{dt}+25x=25t^2-12t+2, \quad x(0)=-1, \quad x'(0)=5$

まず，特殊解 $x_0(t)$ は2次式の形で求めてみます．つまり，

$$x_0(t)=at^2+bt+c$$

とおきます．

$$2a-6\quad\quad +25\quad\quad\quad =25t^2-12t+2$$

これより，

$$a=\quad, \quad b=c=$$

そこで，

$$x(t)=t^2+Ce^{3t}\sin 4t+De^{3t}\cos 4t$$

$$-1=x(0)=\quad, \quad 5=x'(0)=$$

より，

$$C=\quad, \quad D=$$

これより，

$$x(t)=$$

となります．

⑤ $\dfrac{d^2x}{dt^2}-4\dfrac{dx}{dt}+4x=3e^t, \quad x(0)=2, \quad x'(0)=3$

まず，特殊解 $x_0(t)$ は，$x_0(t)=Ce^t$ の形で求めてみます．

$$Ce^t-4Ce^t+4Ce^t=3e^t$$

これより，$C=$

となります．

$$x(t) = 3e^t + (Et+F)e^{2t}$$

とおけますので，　　　$=x(0)=$　　　　　，　　　$=x'(0)=$　　　　　より

$E=$　　　，$F=$

つまり，解は

$x(t)=$

練習問題

① 次の常微分方程式を解きましょう．

(1) $\dfrac{dy}{dx} = -xy$，$y(0)=1$　(2) $(1+t^2)\dfrac{dx}{dt} = tx$，$x(0)=1$

(3) $\dfrac{dx}{dt} = 1-x^2$，$x(0)=2$　(4) $\dfrac{dy}{dx} = e^{-y+x}$，$y(0)=1$

(5) $t\dfrac{dx}{dt} + x = t^2$，$x(1)=\dfrac{4}{3}$（特殊解は2次式）

(6) $\dfrac{dx}{dt} + 3x = 5e^{2t}$，$x(0)=3$

(7) $\dfrac{dx}{dt} - 2y = te^t$，$x(0)=2$（特殊解は1次関数×指数関数）

(8) $\dfrac{dx}{dt} + x = \sin t$，$x(0)=0$（特殊解は $\sin$ と $\cos$ の1次結合）

(9) $\dfrac{d^2y}{dx^2} - \dfrac{dy}{dx} - 12y = 0$，$y(0)=2$，$y'(0)=1$

(10) $\dfrac{d^2y}{dx^2} - \dfrac{dy}{dx} - 12y = 12$，$y(0)=2$，$y'(0)=1$

(11) $\dfrac{d^3x}{dt^3} - 4\dfrac{d^2x}{dt^2} + \dfrac{dx}{dt} + 6x = 0$，$x(0)=2$，$x'(0)=9$，$x''(0)=21$

(12) $\dfrac{d^2x}{dt^2} + 9x = 50te^t$，$x(0)=1$，$x'(0)=1$（特殊解は $(Ct+D)e^t$）

(13) $\dfrac{d^2x}{dt^2} + 6\dfrac{dx}{dt} + 9x = 25e^{2t}$，$x(0)=1$，$x'(0)=3$（特殊解は Ce^{2t}）

(14) $\dfrac{d^2x}{dt^2}-x=2e^t$, $x(0)=0$, $x'(0)=3$ （特殊解は $(Ct+D)e^t$）

(15) $\dfrac{d^2x}{dt^2}+3\dfrac{dx}{dt}+2x=10\sin t$, $x(0)=-2$, $x'(0)=-1$

②

(1) 同次形常微分方程式 $\dfrac{dy}{dx}=f\left(\dfrac{y}{x}\right)$ は $u=\dfrac{y}{x}$ とおいて u の常微分方程式になおすと変数分離形として解けることを示しましょう．

(2) $\dfrac{dy}{dx}=\dfrac{x+2y}{x}$, $(y(1)=1)$ を解いてください．

(3) $\dfrac{dy}{dx}=\dfrac{x^2+y^2}{2xy}$, $(y(1)=\sqrt{2})$ を解いてください．

③ A，B を実定数とするとき，$\dfrac{d^2x}{dt^2}+A\dfrac{dx}{dt}+Bx=0$ の任意の解 $x(t)$ が $\lim\limits_{t\to\infty}x(t)=0$ を満たすための必要十分条件を求めましょう．

答え

やってみましょうの答え

① $y\sin x+\cos x\dfrac{dy}{dx}=0$, $y(0)=1$

$\int\boxed{\dfrac{1}{y}}\dfrac{dy}{dx}dx=-\int\boxed{\dfrac{\sin x}{\cos x}}dx$

$\boxed{\log|y|}=\boxed{\log|\cos x|}+C$, $y=\pm e^C\boxed{\cos x}$

　$y(0)=1$ より，解は $y(x)=\boxed{\cos x}$ となります．

② $\dfrac{dx_0}{dt}=\boxed{-3Ce^{-3t}}$

ですから，

$\boxed{-3Ce^{-3t}}+2\boxed{Ce^{-3t}}=e^{-3t}$

が成り立ちます．

これより，$C=\boxed{-1}$

$x(t)=\boxed{-e^{-3t}}+D\boxed{e^{-2t}}$

$D=\boxed{3}$

$x(t)=\boxed{-e^{3t}+3e^{2t}}$

別解 $xe^{2t}-x(0)=\int_0^t\boxed{e^{-s}}ds=\boxed{-e^{-t}+1}$

$x(t) = \boxed{-\mathrm{e}^{-3t} + 3\mathrm{e}^{2t}}$

③ $\boxed{\lambda^2 - 6\lambda + 25} = 0$，よって，$\lambda = \boxed{3} \pm \boxed{4} i$

$x(t) = C\boxed{\mathrm{e}^{3t}\sin 4t} + D\boxed{\mathrm{e}^{3t}\cos 4t}$

$C = \boxed{-1}$，$D = \boxed{2}$

よって解は

$x(t) = \boxed{-\mathrm{e}^{3t}\sin 4t + 2\mathrm{e}^{3t}\cos 4t}$

④ $2a - 6\boxed{(2at+6)} + 25\boxed{(at^2+bt+c)} = 25t^2 - 12t + 2$

これより，

$a = \boxed{1}$，$b = c = \boxed{0}$

$-1 = x(0) = \boxed{D}$，$5 = x'(0) = \boxed{3D + 4C}$

$C = \boxed{2}$，$D = \boxed{-1}$ これより，$x(t) = \boxed{t^2 + 2\mathrm{e}^{3t}\sin 4t - \mathrm{e}^{3t}\cos 4t}$

⑤ $C = \boxed{3}$

となります．

$x(t) = 3\mathrm{e}^t + (Et + F)\mathrm{e}^{2t}$

$\boxed{2} = x(0) = \boxed{3 + F}$，$\boxed{3} = x'(0) = \boxed{3 + E + 2F}$

$E = \boxed{2}$，$F = \boxed{-1}$，$x(t) = \boxed{3\mathrm{e}^t + (2t-1)\mathrm{e}^{2t}}$

練習問題の答え

① (1) $y(x) = \mathrm{e}^{-\frac{x^2}{2}}$ (2) $x(t) = \sqrt{1+t^2}$ (3) $x(t) = \dfrac{3\mathrm{e}^t + 1}{3\mathrm{e}^t - 1}$ (4) $\mathrm{e}^y - \mathrm{e}^x = \mathrm{e} - 1$

(5) $x(t) = \dfrac{t^2}{3} + \dfrac{1}{t}$ (6) $x(t) = \mathrm{e}^{2t} + 2\mathrm{e}^{-3t}$ (7) $x(t) = -(t+1)\mathrm{e}^t + 3\mathrm{e}^{2t}$

(8) $x(t) = \left(\dfrac{1}{2}\right)(\sin t - \cos t + \mathrm{e}^{-t})$ (9) $y(x) = \mathrm{e}^{-3x} + \mathrm{e}^{4x}$ (10) $y(x) = -1 + \left(\dfrac{10}{7}\right)\mathrm{e}^{4x} + \dfrac{11}{7}\mathrm{e}^{-3x}$

(11) $x(t) = 2\mathrm{e}^{3t} + \mathrm{e}^{2t} - \mathrm{e}^{-t}$ (12) $x(t) = (5t-1)\mathrm{e}^t + 2\cos 3t - \sin 3t$ (13) $x(t) = \mathrm{e}^{2t} + t\mathrm{e}^{-3t}$

(14) $x(t) = \mathrm{e}^t - \mathrm{e}^{-t} + t\mathrm{e}^t$ (15) $x(t) = \mathrm{e}^{-2t} - 3\cos t + \sin t$

② (1) $\dfrac{\frac{\mathrm{d}u}{\mathrm{d}x}}{f(u) - u} = \dfrac{1}{x}$ (2) $y(x) = 2x^2 - x$ (3) $y(x) = \sqrt{x^2 + x}$

③ 2解とも実部が負になること．つまり，3つの場合分けをまとめて，求める必要十分条件は，$A > 0$ かつ $B > 0$．

索　引

数字・欧文・記号

１階必要条件　47
２階十分条件　47
２項展開　146
２変数関数の極限値　89
２変数の極値問題　107
２変数のテイラー展開　99
３角関数　5
３角関数の加法定理　5
70 の法則　40
cosh　10
e　6
n 階微分　23
sinh　10
tanh　10

あ行

１階必要条件　47
一般化２項展開　38
陰関数　113
上に凸　47
渦巻き　137
オイラーの公式　158

か行

階差数列　145
回転体の体積　131
ガウス記号　3
ガウスの公式　143
加法定理　5
ガンマ関数　139
奇関数　1
逆３角関数　6
逆関数の微分法　15
ギャンブラーの破産問題　155
極限値　1
極座標　125

極座標変換　125
極小　47
曲線で囲まれた面積　131
曲線の長さ　131
極大　47
極値　47
極値問題　107
空間曲線の長さ　131
偶関数　1
原始関数　57
高階導関数　23
高階偏導関数　90
広義積分　75
広義積分の収束　75
広義積分の発散　75
広義積分の判定条件　75
公差　145
合成関数の微分法　15
合成関数の偏微分　90
公比　145
弧度法　5

さ行

サイクロイド　136
差分方程式　151
３角関数　5
指数関数　5
指数法則　6
自然対数の底　6
下に凸　47
重積分　121
条件つき極値問題　113, 114
商の微分　11
常微分方程式　157
初期条件　157
数列　145
正規分布曲線　52
積の微分　11

積分可能　57
積分定数　57
積分の平均値の定理　58
積和の公式　6
接線の方程式　29
接平面の方程式　90
漸化式　151
全微分　89
全微分可能　90
双曲線関数　10
増減表　49

た行

対数関数　5
対数法則　7
体積　131
単調減少　1
単調増加　1
単調非減少　1
単調非増大　1
置換積分法　65
定積分　57
テイラー展開　37
（2変数の）テイラー展開　99
導関数　23
等高線　90
等高線への接線の方程式　90
等高面　113
等差数列　145
同次形常微分方程式　165
等比数列　145
特殊解　151, 157
特性方程式　151, 158

な行

70 の法則　40
2 階十分条件　47
2 項展開　146
2 変数関数の極限値　89
2 変数のテイラー展開　99
ニュートン展開　38

は行

媒介変数による微分法　15
倍角の公式　5
はさみうちの原理　1
半角の公式　5
微分　11
微分係数　11
微分積分学の基本定理　58
不定形の極限値　29
部分積分法　65
部分分数展開　66
平均値の定理　29
平面曲線の長さ　131
ベータ関数　139
変数分離形　157
変数変換　125
偏導関数　89
偏微分　89

ま・や行

無限等比級数　145
面積　131

ヤコビアン　125

ら・わ行

ライプニッツの公式　23
ラグランジュの未定係数法　114
ラジアン　5
ランダウの記号　40
リーマン和　57
立体の体積　131
立体の体積　132
立体の表面積　132
累次積分　121
連続　2
連続性　2
ロピタルの定理　29

和積の公式　6

著者紹介

藤田岳彦（ふじたたかひこ）　理学博士
　1978年　京都大学理学部卒業
　1980年　京都大学大学院理学研究科修士課程修了
　現　在　中央大学理工学部教授

石村直之（いしむらなおゆき）　博士（数理科学）
　1986年　東京大学理学部卒業
　1989年　東京大学大学院理学系研究科修了
　現　在　中央大学商学部教授

NDC413　　174p　　26cm

穴埋め式　微分積分　らくらくワークブック（あなうめしき　びぶんせきぶん）

　2003年　9月30日　第1刷発行
　2025年　1月16日　第12刷発行

著　者　藤田岳彦・石村直之（ふじたたかひこ　いしむらなおゆき）
発行者　篠木和久
発行所　株式会社　講談社
　　　　〒112-8001　東京都文京区音羽2-12-21
　　　　　販売　(03)5395-5817
　　　　　業務　(03)5395-3615

KODANSHA

編　集　株式会社　講談社サイエンティフィク
　　　　代表　堀越俊一
　　　　〒162-0825　東京都新宿区神楽坂2-14　ノービィビル
　　　　　編集　(03)3235-3701

印刷所　株式会社廣済堂
製本所　株式会社国宝社

落丁本・乱丁本は，購入書店名を明記のうえ，講談社業務宛にお送りください．送料小社負担にてお取り替えします．
なお，この本の内容についてのお問い合わせは講談社サイエンティフィク宛にお願いいたします．
定価はカバーに表示してあります．

© T. Fujita and N. Ishimura, 2003

本書のコピー，スキャン，デジタル化等の無断複製は著作権法上での例外を除き禁じられています．本書を代行業者等の第三者に依頼してスキャンやデジタル化することはたとえ個人や家庭内の利用でも著作権法違反です．

Printed in Japan

ISBN4-06-153992-2

講談社の自然科学書

穴埋め式 らくらくワークブックシリーズ

穴埋め式 微分積分 らくらくワークブック
藤田 岳彦／石村 直之・著
B5・174頁・本体2,090円

穴埋め式 線形代数 らくらくワークブック
藤田 岳彦／石井 昌宏・著
B5・174頁・本体2,090円

穴埋め式 確率・統計 らくらくワークブック
藤田 岳彦／高岡 浩一郎・著
B5・174頁・本体2,090円

穴埋め式 統計数理 らくらくワークブック
藤田 岳彦・監修 黒住 英司・著
B5・174頁・本体2,090円

実践のための基礎統計学
下川 敏雄・著
A5・239頁・本体2,860円

知識ゼロからはじめるデータサイエンス。豊富な図や演習で、理解が深まり、個々の問題に適用するための基礎を身につけることができる。統計検定2級、3級受験者にも好適。実践志向のやさしい統計本。

新しい微積分〈上〉 改訂第2版
長岡 亮介／渡辺 浩／矢崎 成俊／宮部 賢志・著
A5・259頁・本体2,420円

改訂でさらにわかりやすく！これまでにない章構成で読者を微積分の核心へ導く、まさに新しい微積分読本。上巻では、テイラー展開、1変数関数の積分、曲線、微分方程式を扱う。

新しい微積分〈下〉 改訂第2版
長岡 亮介／渡辺 浩／矢崎 成俊／宮部 賢志・著
A5・286頁・本体2,640円

改訂でさらにわかりやすく！下巻では、2変数関数の微積分、ベクトル場の微積分、偏微分方程式を扱い、最後に理論的側面を解説。理論的側面については、素朴な発想からステップバイステップで意味がつかめるように工夫した。

予測にいかす統計モデリングの基本 改訂第2版
ベイズ統計入門から応用まで
樋口 知之・著　A5・175頁・本体3,080円

フルカラー化、非定常時系列データの基礎事項の加筆で、名著がリニューアル！ ベイズ統計に入門した読者を粒子フィルタ、データ同化まで導く。統計のプロである著者による「匠の技」、「知恵」伝授のコラムも多数収録。

単位が取れる マクロ経済学ノート
石川 秀樹・著　A5・142頁・本体2,090円

単位が心配…という学生さんをお助けします。公務員試験対策本「経済学入門塾」で有名な人気講師・石川秀樹先生がマクロ経済学をマスターする秘訣を伝授。満足度300％の最高・最強の入門書登場！

単位が取れる ミクロ経済学ノート
石川 秀樹・著　A5・150頁・本体2,090円

単位がやばい…という学生必携の1冊!! 「経済学入門塾」で有名な人気講師・石川秀樹先生がやさしく丁寧に解説。試験のポイントもがっつり伝授。日常の数字で解説するから、数字が苦手でも安心！

入門 共分散構造分析の実際
朝野 熙彦／鈴木 督久／小島 隆矢・著
A5・174頁・本体3,080円

理論より使い方で学ぶ注目の多変量解析手法。先輩ユーザーとして入門者の必要を理解している著者らによる実践入門書。コンピュータのアウトプットの意味がわかる賢いユーザーを目指そう！数学が苦手でも大丈夫。

はじめての統計15講
小寺 平治・著　A5・134頁・本体2,200円

高1レベルの数学知識を前提として、Σを使わないなど、レベルに配慮し、内容を15節にわけ、授業で使いやすいよう工夫した。最新の統計データを用いながら具体的に学ぶ、初級者向け教科書。

※表示価格には消費税(10%)が加算されています。　「2024年12月現在」

講談社サイエンティフィク　https://www.kspub.co.jp/